Anne-Maria Apelt

GRÜNE WUNDER ERLEBEN

ANNE-MARIA APELT

GRÜNE WUNDER ERLEBEN

Geschichten von Lebensentdeckungsreisen in der Natur

adeo

INHALT

DANKE

Es ist eine gute Tradition, mit dem Dank zu beginnen.

Dank:
Der Erde, auf der wir gehen.
Der Luft, die wir atmen.
Dem Feuer, das uns wärmt.
Dem Wind, der uns weitet.
Dem Wasser, das uns Leben schenkt.

Ich danke der Natur, die sich als Resonanzraum zur Verfügung gestellt hat, bereitwillig Antworten gibt und eine großartige Lehrmeisterin ist. Ich danke Gott, der lebensspendenden Energie, die in allem und um alles ist.

Danke allen, die mir ihre Geschichten und ihre Zeit geschenkt haben. Ich danke ihnen allen für ihre Liebe, Wahrhaftigkeit und offenen Herzen. Für ihre Erlebnisse. Dass sie mich an für sie heilige Orte gebracht und mir diese gezeigt haben. Danke für alles Vertrauen und den Mut, sich zu zeigen. Für Gastfreundschaft. Räuchern, Gesang, Gebet. Für Betten, Essen, Balkone, Kamine, Schlüssel, Schokolade, Bier, Wein. Für Handtücher, Decken, Deo, Duschen. Für beste Aussichten, verwunschene Orte und geheime Plätze und fürs „Deutschlandkennenlernen".

Danke, Christina. Freundin, Schwester, Ermutigerin.

Danke, Annette. Du hast mir zugetraut, eine Geschichtenerzählerin zu sein.

Danke an Karo und die Ideenfabrik des adeo Verlags für das uneingeschränkte Ja zum Projekt und die gute Betreuung, für das geniale Miteinander, alle Produkte, alle Prozesse. Danke für die bezaubernden Illustrationen, „Willu" Anne Weigel, und an Ulrich Liesch für das Coverlayout. Danke allen Unterstützer*innen im Schreib- und Korrekturprozess, besonders Simon G., Roland B., Jonas, Kasi und meinen Komma-Heldinnen Anne-Kathrin und Judith!

Danke meiner Familie, allen Freund*innen von Nah und Fern und besonders allen verschwesterten Frauen, den Sisters. Euer Ja hat mich bestärkt! Sisterhood rules!

Ich danke zuletzt David. Herzenshörer, Liebhaber, Freund, Ehemann, Kritiker, Ermutiger. Du hast dich mitgefreut, mitgelacht, mitgeweint und mich immer ermutigt, wenn der Weg steinig war. Du bist mit mir in die Tiefe jeder Erzählung gestiegen. Danke. Mit dir möchte ich draußen alt werden.

Anne-Maria Apelt
Essen, goldener Oktober 2018

VORWORT

Vorwort von Andreas Ebert

Die Elemente der Natur erinnern den Menschen daran, dass er die verschiedenen Seinsebenen und Bereiche, die den Makrokosmos bilden, erneut durchlaufen muss, bevor es weitergeht: die mineralische, vegetative und animalische Ebene. Häufig hat der Mensch den Kontakt mit dem Kosmos, dem Felsen, den Tieren verloren. Die Folgen sind alle möglichen Beschwerden, Krankheiten, Ungeborgenheit, Angst. Er fühlt sich überflüssig, der Welt entfremdet …

(nach Jean-Yves Leloup)

Kann man Gott im Wald suchen und finden oder auf einem Berg oder in der Wüste? Viele Menschen versuchen auf die eine oder andere Weise genau das, freilich ohne Anleitung und oft wenig bewusst. Oft sind es „Kirchenferne", die etwa den Sonntag lieber in der Natur verbringen als auf einer Kirchenbank.

Als ich vor über 40 Jahren evangelische Theologie studiert habe, war die Schöpfung als Ort der Gottesbegegnung verpönt. „Wer Gott im Wald sucht, der soll sich dann auch vom Oberförster beerdigen lassen", lautete eines der Bonmots, das etliche Theologieprofessoren zur Erheiterung der Studierenden beizusteuern pflegten. Auch ich habe damals über solche Sätze gelacht. Die gesamte Theologie war so auf den zweiten Glaubensartikel, auf die Erlösung durch Kreuz und Auferstehung Christi, fixiert, dass die Schöpfung kaum eine Rolle spielte. Ähnlich erging es der Lehre vom Heiligen Geist.

Ursache dafür war eine Entwicklung, die schon in der frühen Christenheit eingesetzt hatte. Die Schöpfung wurde als „gefallen" betrachtet. Das hatte mit vielen Faktoren zu tun. Die platonische und neoplatonische Philosophie konstruierte einen schroffen Gegensatz von Materie und Geist. Der Kirchenlehrer Augustinus betrachtete die Schöpfung und insbesondere die Sexualität vor allem als Einfallstor der Sünde. Er selbst hatte vor seiner Bekehrung ein ausschweifendes Leben geführt und sich dann angeekelt vor allem von der „Fleischeslust" abgewandt. Spirituelles Ziel waren letztlich die Abtötung von allem, was geschöpflich, natürlich und triebhaft war, und die „Vergeistigung" des Menschen. Folglich konnte man der Schöpfung insgesamt Gewalt antun; eine ökologische Sicht von Pflanzen und Tieren war nicht auf dem Schirm, jedenfalls nicht im Mainstream des westlichen Christentums. Das sollte lange Zeit so bleiben.

Vergessen war der Umgang von Jesus mit der Schöpfung. Er suchte – getrieben vom Heiligen Geist – in seiner 40-tägigen Wüstenzeit die Begegnung mit Gott. Er zog sich regelmäßig auf einen einsamen Berg zurück, um zu beten. Er hatte ein waches Auge für das Wachsen und Verblühen der Natur, für Saat und Ernte, für die Vögel unter dem Himmel und die Blumen auf dem Feld. Sie alle waren ihm nicht nur Gleichnis, sondern Manifestationen der evolutionären Naturgesetze Gottes, die er eins zu eins auf den Transformationsweg des Menschen übertrug. Auch Paulus ging davon aus, dass der Schöpfer in und aus der Schöpfung klar erkannt werden kann.

Das erste Kapitel der hebräischen Bibel (Genesis/1. Mose 1), die Schöpfungsgeschichte, schildert die allmähliche Entwicklung des Lebens vom Mineralischen über das Animalische bis hin zum menschlichen Bewusstsein. Gott selbst sieht am Ende die Schöpfung mit großem Wohlgefallen an und segnet sie: „Und siehe, es war sehr gut!“ Am Anfang steht der Große Segen (Matthew Fox); die Menschen sind Gottes Ebenbilder. Kein Schatten fällt auf dieses bedingungslose Ja!

Die westliche Christenheit hingegen hat die Welt und das Wesen des Menschen in der Regel von Genesis 3 her interpretiert: Der „Sündenfall“ vertreibt den Menschen aus dem Paradies, aus der Harmonie mit der Schöpfung. Schwangerschaft, Arbeit und das Verhältnis der Geschlechter werden zu Problemen. Die Reformatoren haben an dieser Gewichtung nichts geändert. Im Gegenteil. Die Sündhaftigkeit und Verlorenheit des Menschen musste theologisch ins Unendliche gesteigert werden (Luther: „Es war kein Gut’s am Leben mein ... zur Höllen musst ich sinken“), damit die Gnade umso heller leuchten konnte.

Dabei gab es schon in der alten Kirche Gegenbewegungen zu diesem negativen Menschenbild und zur Abwertung der Schöpfung (und insbesondere der Sexualität). Das keltische Christentum in Schottland und Irland etwa setzte ganz andere Schwerpunkte. Pelagius, ein Schotte, der zeitgleich mit Augustinus in Rom lebte, entwickelte eine Schöpfungstheologie, die zwar die Sünde nicht leugnete, aber am „guten Kern“ des Menschen auch nach dem „Fall“ festhielt. Er sah Frauen nicht als Verführerinnen, sondern schätzte sie und lehrte sie Sprachen und Theologie; sein Wesen strahlte Herzlichkeit und Güte aus, was sogar Augustinus zugeben musste.

Dennoch bekämpfte er Pelagius bis aufs Messer und setzte schließlich seine Verbannung aus Rom durch. Sein Vorwurf: Der Schotte lehre die „Selbsterlösung“ des Menschen und mache Christus überflüssig.

Dennoch missionierten iroschottische Mönche in den folgenden Jahrhunderten friedfertig und erfolgreich halb Europa. Ihre Theologie aber blieb den Römern ein Dorn im Auge. Bei der Synode von Whitby 664 setzte sich die römische Lehrauffassung gegenüber den iroschottischen Traditionen durch, die dadurch in den Untergrund verbannt wurden. Franz von Assisi (1182–1226) war einer der wenigen „Westler“, die anders als der Hauptstrom die Schöpfung liebten und wertschätzten. Sonne, Mond, Feuer, Wasser, die Vögel, ein aggressiver Wolf und am Ende sogar der Tod waren ihm Schwestern und Brüder.

***

In den letzten Jahren scheint sich auch im westlichen Christentum eine Neubesinnung anzubahnen. Auslöser waren die ökologische Krise und der „Konziliare Prozess für Frieden, Gerechtigkeit und die Bewahrung der Schöpfung“ seit 1983. Freilich wurde „Bewahrung der Schöpfung“ weitgehend so verstanden, dass sich Mensch und Schöpfung gegenüberstehen und dass der Mensch beauftragt ist, die Schöpfung nicht auszubeuten, sondern zu schützen. Das Bewusstsein, dass wir Menschen nicht Gegenüber, sondern Teil der Schöpfung sind, wurde außerhalb der Kirchen entwickelt, vor allem durch die „Tiefenökologie“. Der norwegische Philosoph Arne Næss (1912–2009) führte 1972 diesen Ausdruck in die philosophische Literatur ein. Andere wie Joanna Macy (* 1929) entwickelten die Arbeit weiter und nahmen in ihr Trainingsprogramm die „Visionssuche“ auf. In diesem spirituellen Exerzitienformat verbringen die Teilnehmenden nach eingehender Vorbereitung drei oder auch vier Tage und Nächte mit ihren brennenden Lebensfragen allein fastend in der Natur (Wald, Gebirge oder Wüste). Im Anschluss findet in der Gruppe eine Auswertung statt. Rituale befruchten die Zeit der Einsamkeit und das Gruppengeschehen.

Das vorliegende Buch von Anne-Maria Apelt enthält Erfahrungsberichte von Menschen, die sehr unterschiedlich sind, die aber alle diesen Heilungsweg im Kontext der Schöpfung gegangen sind. Die Geschichten sprechen für sich und „beweisen“, dass die Natur nicht nur eine große spirituelle Lehrmeisterin, sondern auch eine geniale Therapeutin ist.

Inzwischen gibt es zahlreiche ausgebildete Begleiterinnen und Begleiter solcher „Visionssuchen“. Auch die Kirchen haben sie entdeckt. Der Franziskaner Richard Rohr hat Aspekte der Visionssuche in seine „Initiationsriten für Männer“ übernommen; in der kirchlichen erlebnispädagogischen Jugendarbeit werden inzwischen auch Formen der Visionssuche erprobt. Durch solche Erfahrungen verändern sich die Paradigmen der Theologie; die Schöpfung, die die Kelten das „erste Buch Gottes“ genannt haben, bekommt endlich (wieder) den ihr gebührenden Platz auf dem spirituellen Weg.

Ich wünsche diesem inspirierenden Buch Leserinnen und Leser, die durch diese beeindruckenden Berichte motiviert werden, sich selbst auf den Weg zu machen.

Andreas Ebert, geboren 1952, ist evangelischer Theologe und Pfarrer in München. Sein bekanntestes Buch ist „Das Enneagram“ (gemeinsam mit Richard Rohr). Bis 2017 leitete er das „Spirituelle Zentrum St. Martin“. Er war Beauftragter der Evangelisch-Lutherischen Kirche für Meditation und Geistliche Übung in Südbayern.

Vorwort der Autorin

Liebe Leserin, lieber Leser,

stell dir vor, wir sitzen zusammen um ein Feuer: du, ich und die Menschen, die in diesem Buch ihre Geschichten erzählen. Das Feuer knistert. Sonst ist es still. Jemand nimmt einen Stab in die Hand als Zeichen, dass er nun beginnt. Wir sitzen und hören die erste der echten Lebensgeschichten von einem Menschen, der hinaus in die Natur gegangen ist, um eine drängende Frage des Lebens zu klären und eine Antwort zu finden. Und wir hören, wie dieser Mensch in der Natur eine lebensverändernde oder heilsame Erfahrung gemacht hat.

Mit diesem Buch, GRÜNE WUNDER ERLEBEN, hältst du eine Sammlung von Erfahrungsberichten von Menschen in den Händen, die sehr vielfältige Gründe dafür hatten, in der Natur nach Hilfestellung und Antworten zu suchen. Jeder von ihnen hat einen anderen Lebenshintergrund mitgebracht und unterschiedliche religiöse oder spirituelle Erfahrungen gemacht. Sie berichten, warum sie die Natur wählten und welche relevanten Erfahrungen sie gemacht haben. Wie sie Heilung und Antworten auf ihre sehnsüchtigen Fragen gefunden haben. Wie sie mit Lücken, Übergängen und Wandel in ihrem Leben umgegangen sind. Einige erzählen, wie sie dabei Gott und dadurch Sinn und Orientierung fanden. Andere Geschichten sprechen von tiefen Heilungsprozessen.

Die große Erfahrung, die viele gemacht haben: *Ich bin mit allem verbunden, gleichwertig mit allen Wesen der Natur. Ich bin ein Teil vom großen Ganzen, ich gehöre dazu.*

***

Mein Name ist Anne-Maria Apelt. Ich lebe in Essen, bin verheiratet und als Freiberuflerin tätig. Mein Angebot ist es, Menschen auf Lebensentdeckungsreisen in der Natur zu begleiten. Verständlich, ehrlich, wertschätzend und erlebnisreich. Ich bin selbst Christin, die Arbeit in der Natur ist für mich ein heiliger Raum. Alle Menschen in diesem Buch habe ich persönlich kennenlernen und ihre Geschichten niederschreiben dürfen. Ich habe sie in der Natur oder sogar an den für sie besonders bedeutsamen Orten fotografiert.

Natürlich sind die Geschichten Momentaufnahmen und nur ein kleiner Ausschnitt der ganzen Lebensgeschichten. Und trotz aller Sorgfalt sind sie nur ein Abbild, ein Spiegel dessen, was wirklich erlebt worden ist. Nicht jedes Detail ist beschrieben worden, weil es Momente gibt, die geschützt werden müssen, auch wenn die Geschichte sich im Leben der Menschen bereits entfaltet hat. Es sind heilige und intime Geschichten, und es war für mich ein kostbares Geschenk, sie hören zu dürfen. Dieses Geschenk möchte ich mit den geschilderten Erlebnissen an dich weitergeben.

Ich freue mich, dass du dich zu mir ans Feuer gesetzt hast, um diese Geschichten

zu hören. Möge jede davon eine Quelle sein, die einen kleinen Teil der Geschichte der gesamten Menschheit erzählt und dazu beiträgt, dass du gestärkt und inspiriert wirst und Zuversicht gewinnst. Und vielleicht ermutigt dich dieses Buch, dich selbst auf den Weg in die Natur zu machen, auf eine Lebensentdeckungsreise, vielleicht in einem Ritual. Fühl dich herzlich eingeladen.

Noch ein Hinweis:
Naturrituale haben ihre Grenzen und ersetzen keine Therapie, keine psychologische Begleitung oder therapeutische Arbeit. Wenn du beim Lesen der Geschichten oder beim eigenen Ausprobieren merkst, dass etwas Größeres in dir aufbricht, such dir bitte kompetente Hilfe, um es anzugehen.

EINLEITUNG: GRÜNE WUNDER ERLEBEN

GRÜN

Eine meiner ersten Erinnerungen an die Natur ist, wie ich als Kindergartenkind stundenlang allein im Wald herumstreifte. Ich mochte das Draußensein. Ich mochte den Freiraum, den mir die Natur eröffnete. Ich hatte meine Lieblingsorte: Bäume, die ich immer wieder aufsuchte, Astgabeln, Wiesen und einen Teich. Die Natur war ein Ort, an dem ich mich sehr wohl fühlte und keine Bedrohung spürte. Sie war wie ein zweites Zuhause für mich. Hier habe ich gespürt, dass die Zeit anders läuft, dass andere Dinge zu erfahren und zu erleben sind als in der Alltagswelt auf dem heimischen Bauernhof im Spreewald. Hier habe ich gespürt, dass alles in der Welt eng miteinander verbunden ist und ihr etwas Heiliges innewohnt. Heute würde ich sagen, dass ich als Kind in der Natur bereits eine Gotteserfahrung gemacht habe.

Von meiner Großmutter habe ich viel über die Heilwirkung und den Nutzen von Pflanzen erfahren. Sie war als Landwirtin eng mit der Natur verbunden und gab dieser Verbindung eine praktische Seite. Ich habe bereits als Kind angefangen, mich der Heilkraft der Pflanzen zu bedienen, was meine Liebe zur Natur noch gestärkt hat.

Auch wenn während der weiterführenden Schule und dann des Studiums die ursprüngliche Verbindung mit der Natur in den Hintergrund getreten ist, habe ich die Schätze meiner Kindheit später wieder bergen können: auf dem Balkon, auf einem Pachtfeld, in Seminaren zu nachhaltigen Themen, bei langen Wanderungen, in einer Hängematte unter dem Apfelbaum oder in der Ausbildung als Wildnispädagogin. In mir war immer eine unbestimmte Sehnsucht danach, mich wieder mehr mit der Natur zu verbinden. Dass ich meine Großmutter über drei Jahre fotografiert und darüber befragt habe, wie sie im Garten und in der Küche ihre Verbindung zur Natur lebte, war ein wichtiger Teil meiner Neuanbindung. Ich habe dabei vor allem meine Abhängigkeit von der Erde wiederentdeckt und angefangen, Pflanzen und Tiere respektvoller zu behandeln.

Der Glaube an einen Gott war für mich als Kind etwas Schönes, dem man sich anvertrauen konnte und der wie selbstverständlich zum Leben gehörte. Und meine Familie verstand es, den Glauben lebendig werden zu lassen. Ich mochte die feierliche Stimmung der Kirchenfeste, die heilige Atmosphäre der Hausandacht, des Geschichtenerzählens, des gemeinsamen Gebets und Singens.

Erst als ich mit den ersten kritischen Fragen meiner atheistischen Schulkameradinnen umgehen musste, fing ich an, meinen kindlichen Glauben in Frage zu stellen. Als Heranwachsende machte ich mich in unterschiedlichen Glaubensgemeinschaften auf die Suche, die mir schnelle Antworten versprachen. Doch ich habe in den Gottesdiensten oder Veranstaltungen oft nichts gefühlt, denn ich konnte keine Verbindung herstellen zwischen den Worten, die dort gesprochen wurden, und meinen Gefühlen.

Die sogenannten „wasserdichten“ Antworten wirkten auf mich kalt und hart. Diese Art zu glauben ging mit einer großen Moralität einher, in der es darum geht, bestimmte Voraussetzungen zu erfüllen, um daraus dann ableiten zu können, dass man richtig glaubt. Es ging um Regeln und um Richtig und Falsch.

Von außen gesagt zu bekommen, was ich zu tun habe, hat für mich heute mit mündigem Glauben überhaupt nichts zu tun. Oft stand es auch schon damals meinem Bauchgefühl gegenüber. Ich hatte zwar jetzt schlagkräftige Argumente meinen Klassenkameraden gegenüber, aber in mir blieb eine unbestimmte Sehnsucht danach ungestillt, dass mein Glauben echt und lebendig, frei und wild sein müsste.

Ich habe darum als ältere Jugendliche in wiederum anderen christlichen Bewegungen meine Heimat gesucht, in denen „Gott spüren“ eine Rolle spielte. Allerdings habe ich dort auch erlebt, wie Gefühle missbraucht werden können, indem sie bewertet wurden. Ich fing an, mir selbst zu misstrauen, und glaubte den Gefühlen der anderen mehr als meinen eigenen. Dabei habe ich verlernt, selbst einzuschätzen, was gut für mich ist, und meine eigene spirituelle Sehnsucht wahrzunehmen und zu stillen. Mein Seelenleben hat mich nicht genährt und gestärkt, denn ich baute nur auf den Aussagen anderer auf, was mich innerlich leer zurückließ.

Natur und Spiritualität sind also zwei Themen, die in meinem Leben immer irgendwie präsent waren. Intuitiv ahnte ich jedoch, dass für mich Gottesbegegnung mit der Natur zusammenhängen musste, so wie ich es als Kind erlebt hatte. Bis ich diesen Zusammenhang wiederentdeckte, vergingen noch einige Jahre.

***

Ein starker Bruch in meiner Biografie mit Mitte 20 war das Scheitern meiner ersten Ehe. Er führte unter anderem dazu, dass ich aus allen bisherigen gemeindlichen Bezügen ausgeschlossen wurde, und hatte noch weitere massive Veränderungen in meinem privaten und beruflichen Umfeld zur Folge.

Aus allem herausgerissen zu sein war für mich trotz aller Schmerzen letztlich ein heilsamer Schock. Auch wenn ich zunächst alle Ankerpunkte meines Lebens verloren hatte, hatte ich immer noch die Sehnsucht nach ganzheitlicher Erfahrung mit der Energie des Lebens in mir, die alles verbindet. Als ich später mein Leben neu sortierte und mir auch eine neue Gemeinde suchte, war klar, dass ich nur dort Fuß zu fassen wagen würde, wo meine Fragen und Zweifel willkommen waren. So bin ich nach Essen in eine Gemeinde gekommen, an einen Ort, an dem ein herzliches Willkommen ausgesprochen wurde: „Willkommen, wer auch immer du bist, woher auch immer du kommst, wo auch immer du dich befindest auf deiner Lebensreise, wen auch immer du liebst.“

Dort habe ich einige Jahre der Auseinandersetzung mit mir und meinen spirituellen Fragen erlebt, in denen ich darum rang, von meinen gelernten Glaubenssätzen zu echten, eigenen Aussagen zu kommen. Dabei war es für mich sehr wichtig, viele Fragen zu stellen, auch wieder ahnungslos zu sein, um Antworten zu ringen, sie wieder loszulassen und zweifeln zu dürfen. Mein Gottesbegriff hat sich verändert und geweitet, ist weiblicher geworden, weniger personifiziert. Für mich wurde Gott eine Kraft, die mich hält und mich umgibt, eine lebensspendende Energie. Mein christlicher Glaubenshorizont hat sich erweitert. Mein Glaube wurde ökumenischer und undogmatischer. Dass ich ihn nicht aufgegeben habe, schreibe ich dieser Zeit zu.

Es hat eine lange Zeit gebraucht, um wieder eigenständig denken, fühlen und handeln zu können und für mich zu glauben, dass es eine große, liebende Kraft gibt, die auch in meinem Leben eine Rolle spielt. Ich konnte mich auch mit meiner ursprünglichen christlichen Prägung auseinandersetzen und habe begonnen, die Schätze daraus zu bergen.

Die unterschiedlichen Ansichten der Menschen in meinen neuen Bezügen haben nicht nur meinen Gottesbegriff verändert, sondern mir auch den Blick für die Vielfalt geöffnet und für die Möglichkeit, auch andere Formen und Wege für genauso wahr zu halten wie meinen eigenen und ihnen mit Respekt zu begegnen. Das gemeinsame Lesen und Diskutieren von spiritueller Literatur spielte für mich eine wichtige Rolle. Aus diesen Büchern sticht besonders eines hervor: „Die Befreiung vom Ego“ von Richard Rohr. Eine kleine Lektüre, in der es darum geht, sich selbst wahrhaft und liebevoll anzusehen als die Person, die man im Wesenskern ist, und sich von falsch verstandenen Selbstbildern zu verabschieden. Die Natur ist dabei ein Spiegel meines eigenen Naturells. Diese Aussagen haben mich angezogen, umgehauen und versöhnt. Genau die in diesem Buch beschriebene Erfahrung wollte ich machen.

Zunächst versuchte ich das alles intellektuell zu verstehen. Erst einige Jahre später habe ich es dann auf meiner Visionssuche in seiner ganzen Bedeutung erfahren und erlebt. Die Erfahrung, nach der ich mich immer gesehnt hatte und die wie ein letztes Puzzleteil Natur, Spiritualität und Persönlichkeitsentwicklung zusammenfügte.

WUNDER

Meine erste Begegnung mit Naturritualen fand statt, als mein Freund mir einen Flyer in die Hand drückte und mich fragte, ob in unserer Urlaubsplanung noch Platz wäre für eine Visionssuche, an der er teilnehmen wollte.

„Visionssuche“, das war der etwas sperrige Name für ein uraltes Ritual, bei dem Menschen mit ihren Fragen in die Natur gehen und sich von ihr Antworten erhoffen. Unter Anleitung und mit guter Vorbereitung soll diese Zeit Menschen während wichtiger Übergangsphasen oder in Umbrüchen im Leben zur Orientierung dienen. Ein sogenanntes Übergangsritual, mit dem man eine Phase im Leben loslassen und eine neue beginnen kann.

Nach einige Tagen Vorbereitungszeit in einer Gruppe, so der Flyer, verbringt man vier Tage und Nächte allein in der Natur. Nur mit Wasser, einer Plane und einem Schlafsack ausgestattet, fastend und ohne Kontakt zu anderen Menschen. Eine Zeit, die wie geschaffen dazu ist, um die eigenen Fragen offen auszubreiten. Nach dieser Auszeit kommt man zurück in die Gruppe, teilt das Erlebte mit und bereitet die Heimkehr mit den neuen Erfahrungen vor.

Ich hielt das Blatt in den Händen und wusste, dass ich das auch erleben wollte und dass es genau meine Form war, die ich gesucht hatte. Mich sprach der Gedanke an, allein in der Natur zu sein und Zeit zu haben. Mein Alltag war immer geschäftig, und ich sehnte mich danach, meinen Fragen einmal ungestört auf den Grund gehen zu können. Ich versprach mir davon auch, dass ich dabei manches hinter mir lassen würde, mich von meinen alten Vorstellungen verabschieden und etwas Neues herbeisehnen könnte. Ich erhoffte mir, in der Stille Gott wieder zu hören.

Mein Leben in diesem Jahr empfand ich als ausgesprochen schwierig. Ich war Anfang 30 und orientierungsloser denn je, was meine Berufswahl betraf. Alles, was ich in den Jahren davor neu geplant und überlegt hatte, war nicht aufgegangen. Ich hielt viele lose Enden in der Hand. Angesprochen von dem Flyer meldete ich mich ebenfalls für eine Visionssuche an, die ein Jahr später stattfinden sollte.

Natürlich hatte ich alle möglichen Vorbehalte, zu so einer Veranstaltung zu fahren. Mit Ritualen in der Natur hatte ich bis dahin überhaupt keine Berührungspunkte gehabt, und so musste ich erst mal nachforschen, was eine Visionssuche ist. Sie sei ein Ritual, in der Tradition alter indigener Kulturen gehalten, erfuhr ich. Das hatte zunächst mit meiner christlichen Sozialisation so gar nichts zu tun. Aber ich ahnte, dass sich in den alten Traditionen etwas von dem finden lassen könnte, was ich so schmerzlich vermisste. Ich hatte dennoch Bedenken, dass mir so ein Format zu esoterisch oder abgehoben sein könnte. Auch fürchtete ich, womöglich Dinge tun zu müssen, die meine Grenzen überschreiten könnten.

Ich nutzte die Zeit bis zu meiner Visionssuche, um mich ganz grundsätzlich mit dem Thema Rituale auseinanderzusetzen. Dabei stellte ich fest, dass solche Übergangsrituale keineswegs ein „Nischenprodukt" sind, sondern gerade in den letzten Jahren immer mehr gesellschaftliche Relevanz bekommen haben. Tradierte Übergangsrituale wie Taufe, Beerdigung, Heirat oder Konfirmation dagegen verlieren immer mehr an Bedeutung oder sind mit bestimmten Bildern und Vorbehalten verbunden, sodass sie ihre Wirkung nicht mehr entfalten können. Oft sind Menschen die Zugänge zu den tieferen Bedeutungen dieser Rituale verloren gegangen, doch die Sehnsucht nach Orientierung, Ausrichtung und Sinn hat eher noch zugenommen.

Ich erfuhr, dass es in der kirchlichen Szene bereits ein Netzwerk von Menschen gibt, die im Bereich Schöpfungsspiritualität arbeiten und sich auch mit Naturritualen befassen. Und ich stellte fest, dass sogar in meinem Bekanntenkreis Christen bereits an solchen oder ähnlichen Ritualen teilgenommen hatten. Und ich dachte: Warum auch nicht – schließlich ist die Schöpfung die erste Offenbarung Gottes, der Raum, in dem sich Gott zum ersten Mal in Schönheit und Vielfalt gezeigt hat und sich vermutlich noch heute zeigt.

Wie schön war es, einige Geschichten in der Bibel plötzlich ganz anders lesen zu können, wenn davon berichtet wurde, wie ein Mensch in die Einsamkeit oder in die Wüste ging, um Gott zu begegnen. Die Geschichten von Mose, Jesus und Elia, Miriam und Hagar lasen sich ganz anders. Es machte mir Mut, in diese Fußstapfen zu treten und die Natur als Zeugnis der Schöpfungsenergie zu sehen und als einen Ort, der sich geradezu anbot, Gott zu begegnen.

Die Arbeit mit Ritualen in der Natur bietet eine Chance, in eine Gesellschaft hineinzuwirken, in der Glauben nicht mehr selbstverständlich ist, Kirche und Gemeinde immer mehr an Alltagsrelevanz verlieren und Rituale ihre Kraft einbüßen. Naturrituale können eine Brücke für spirituell Suchende in einen eigenen Glauben hinein sein, die nicht von schlechten Erfahrungen, Vorurteilen oder Dogmatik blockiert ist, sondern einen im wahrsten Sinne des Wortes natürlichen Zugang eröffnen.

Dieser Gedanke begeisterte und bestärkte mich in meiner Suche.

***

Im Sommer 2014 fuhr ich dann zu meiner Visionssuche. Ich war gespannt, was mich nun erwarten würde. Würde ich wirklich Antworten auf meine Fragen bekommen? Würde ich meinen Glauben verlieren oder neue Erfahrungen machen? Würde ich den Leitern vertrauen können? Würde ich mit der Gruppe zurechtkommen? Ich weiß noch, dass ich unterwegs mehrfach anhalten musste, weil ich so weinen musste. Ich habe schon auf der Hinfahrt Abschied von meinem alten Leben genommen.

Als ich ankam, wurde ich willkommen geheißen, fühlte mich in die Gruppe direkt aufgenommen, hatte meinen Platz. Das Fremdheitsgefühl wich der Ahnung, dass nun eine heilige und sehr besondere Zeit der Ablösung vom Alten und der Suche nach dem Neuen begonnen hatte. Ich war frei, mir wirklich und ehrlich und ohne Ablenkung selbst ins Gesicht zu sehen.

Eine der ersten Aufgaben, die mir auf meiner Visionssuche gestellt wurde, war, einen Lagerplatz im Wald für die vier Tage und vier Nächte zu finden, an dem ich meine heilige Auszeit verbringen würde.

Doch weil mir mein eigener Platz im Leben nicht klar war, fiel es mir auch sehr schwer, draußen in der Natur einen Platz für mich zu finden und gut für mich zu sorgen. Viele Stunden verbrachte ich damit, herumzuirren, weil ich die Aufgabe unbedingt allein bewältigen wollte. Denn schließlich hatte ich in meinem bisherigen Leben ja auch so ziemlich alle Situationen gemeistert und immer einen Plan gehabt.

Am Ende des Tages war ich so verzweifelt, weil ich es nicht allein schaffte, dass ich schließlich doch noch die Leiterin um Hilfe bat. Sie zeigte mir zwar keinen Platz, aber half mir dabei, die Sprache der Natur zu verstehen und mir von der Natur zeigen zu lassen, wo mein Platz sein könnte.

Das wahrzunehmen, was die Natur mir sagte, öffnete meinen Blick ganz neu, und ich fand an einem wunderschönen Ort inmitten eines Mischwaldes meinen Platz. Ich war dort beschützt, es war friedlich, ich war unsichtbar, ich hatte einen wunderbaren Ausblick. Ich hatte es weich, ich hatte es trocken, ich hatte es warm. Ich habe die so herbeigesehnte Lebensenergie, die göttliche Kraft, allumfassend wahrgenommen und in den vielen kleinen Zeichen der Natur gesehen, wie früher in meiner Kindheit. Beispielsweise konnte ich die Brennnesseln und Brombeeren als Schutzwall sehen, die große Buche wurde zum Symbol dafür, dass ich unter ihren ausladenden Ästen beschützt und umsorgt bin.

Ich habe gesungen, gebetet, geschwiegen. Dabei habe ich zutiefst erfahren, dass es die heilige Lebenskraft ist, die Zeichen in der Natur für mich setzt, sodass ich zu einem tieferen Verständnis für mich selbst finden kann. Einer der wichtigsten Schritte in diesen Tagen war es, mich von meinem falschen Selbstbild zu verabschieden und mich meiner wirklichen Natur, meiner wirklichen Persönlichkeit liebevoll zuzuwenden.

Vielleicht ist das auch die einzige Möglichkeit für mich gewesen, mein Gottesbild neu zusammenzusetzen und Gott wirklich zu begegnen. Ich habe mich als ein Teil des großen Ganzen wahrgenommen und mich verbunden gefühlt mit allen anderen Lebewesen. Auch wenn ich in diesen vier Tagen und vier Nächten sehr mit meinen Ängsten gerungen habe, habe ich alles geschenkt bekommen, was ich für diese Zeit brauchte.

Es war eine für mich mystische, unerklärliche Zeit, in der die Uhren anders gelaufen sind. Ich habe in dieser Zeit erfahren, wie das Profane heilig, Angst zu Vertrauen, Stolz zu Demut wurde. Meine erste Auszeit in der Natur endete mit der aufgehenden Sonne, einem Regenbogen im Morgentau und dem Lied *Amazing Grace*.

ERLEBEN

Meine fragende, zweifelnde Auseinandersetzung mit dem Thema Spiritualität nach meiner Scheidung und diese erste Visionssuche in der Natur haben mich auf die

Spur gebracht, dass Glaube *erlebbar* ist. Ein lebendiger Glaube ist für mich eine Sache der sinnlichen Erfahrung geworden, in der Spiritualität und Natur eng miteinander verbunden sind.

Sehr heilsam war für mich, dass am Ende meiner Visionssuche niemand versuchte, mir zu sagen, was ich nun zu tun habe. Es war mir selbst überlassen, welche Schlüsse ich aus der Zeit ziehe.

All meine Befürchtungen im Vorfeld hatten sich in Luft aufgelöst. Tatsächlich habe ich genau das Gegenteil erlebt: Die Natur ist unbestechlich, ehrlich, echt, gastfreundlich, zuverlässig, reich und heilsam. Ich konnte ihr nichts vormachen. Die Ritualleiterin brachte meiner persönlichen spirituellen Form großen Respekt gegenüber, sodass ich ganz frei war, in meiner Sprache und auf meine Art auszudrücken, was ich in dem Ritual erlebt hatte. Auch die Angst, dass ich meinen Glauben irgendwie verleugnen oder verfremden müsste, hat sich als völlig unbegründet erwiesen. Ganz im Gegenteil: Das, was ich erlebt hatte, konnte ich vollständig für wahr halten, und niemand stellte in Frage, dass mir auf diese bestimmte Art und Weise, wie ich es erlebt hatte, wirklich etwas Heiliges begegnet war.

Damit veränderte sich auch mein gesamter Glaubensbegriff. Von nun an gab es keine Bewertung, keine Einteilung mehr in Richtig und Falsch, Gut oder Böse, kein Drinnen und Draußen, kein: „Du musst das tun, damit …" Es gibt nur Liebe und die Erfahrung des Lebens. Leben heißt, achtsam und umsichtig zu sein. Indem ich lebe und liebe, entsteht in mir ein Bewusstsein für die Dinge, die allen Menschen dienen. Es geht also um eine Ethik, keine Moral, die uns sagt, wie das Leben gemeinsam am besten gestaltet werden kann. Der Antrieb dafür ist die Liebe. Zu sagen, dass Gott Liebe ist, ist dabei fast plakativ. Aber es ist der Satz, den ich schon mein Leben lang kenne. Endlich hatte er Substanz bekommen und war ein Satz geworden, in dem sich alles für mich zusammenfügte.

Ein Jahr nach meiner Visionssuche habe ich selbst die Ausbildung zur Visionssucheleiterin begonnen, um auch anderen Menschen durch Naturrituale diese reiche Erfahrungswelt nahe zu bringen. Damit begann auch ein neuer beruflicher Lebensabschnitt, in dem sich meine Gaben und Fähigkeiten und die losen Enden meines beruflichen Wirkens endlich zusammengefügt haben und Sinn ergaben.

Es begeistert mich, was entsteht, wenn Mensch und Natur sich wirklich begegnen. Es begeistert mich, wenn Vertrauen in die Natur entsteht, in die Erfahrung mit ihr, in den Prozess und in etwas Größeres, das über uns hinausgeht. Die Schöpfung kann ein großer Spiegel für die eigene Seele sein.

***

Das soll natürlich nicht heißen, dass Naturrituale die einzige Form sind, in der sich Gott oder göttliche Lebensenergie erfahren lässt. Ich bin davon überzeugt, dass in jeder Form der Spiritualität Gottesbegegnung stattfinden und Heilung geschehen kann. Es gibt viele Menschen, die in ihren jeweiligen spirituellen Bezügen erfüllt leben und von denen ich lernen kann. Aber ich bin auch davon überzeugt, dass sich in der Natur göttliche Lebensenergie in besonderer Form zeigt, weil sie unverstellt ist, weil sie echt und unbestechlich ist, wir Menschen sie nicht in der Hand haben oder beeinflussen können. Die große Stärke von Naturritualen liegt genau darin, dass wir Menschen uns in die Wildnis begeben, in der wir nicht mehr beheimatet sind, und uns ihr einfach anvertrauen müssen, da wir ihre Muster und Abläufe nicht so deuten können wie die in unserer Alltagswelt. In einem Ritual in die Natur zu gehen, um ihr zu begegnen, kann das gesamte Leben auf den Kopf stellen. Naturrituale brauchen darum die Bereitschaft zur Veränderung, Neugier und „Anfängergeist". Dann wachsen Respekt und Demut vor dem, was größer ist als man selbst, und die Erkenntnis, dass wir mit allem, was lebt, verbunden sind.

Dieses Buch führt keine theologische oder wissenschaftliche Diskussion, sondern sammelt Erfahrungsberichte. Dennoch wünsche ich mir, dass es ein Ausgangspunkt für einen liebevollen und respektvollen Dialog wird, eine gemeinsame Suche nach einer ganzheitlichen, integralen Spiritualität: Für alle, die in den Institutionen der Religionsgemeinschaften keine Heimat finden, soll es eine Anregung sein, etwas auszuprobieren und wieder Verbundenheit zu erleben. Für alle, die in den Institutionen der Kirche beheimatet sind, ist mein Wunsch, dass sie die geschilderten Erfahrungen in der Natur ernst nehmen und als tiefe spirituelle Quelle sehen. Und denen, die in Naturritualen eine innere Heimat gefunden haben, wünsche ich die Offenheit, zugänglich zu bleiben und an die Möglichkeit der liebevollen Annäherung zwischen verschiedenen Erfahrungen zu glauben. Ich bin davon überzeugt, dass Naturrituale dabei helfen können, Gott, die Lebensenergie, neu zu leben und zu erleben.

Für alle, die sich mit Naturritualen, mit deren Hintergründen oder auch mit theologischen oder weiteren spirituellen Fragen tiefer auseinandersetzen wollen, findet sich im Anhang eine Auswahl an Literaturempfehlungen.

Die hier aufgeschriebenen Geschichten erzählen von Menschen, die gespürt haben, dass ihr Leben an einem Wendepunkt angekommen ist. Sie haben es gewagt, die eigene Lebensrealität infrage zu stellen, ihre Lebensentwürfe neu zu sortieren und sich zu sich selbst aufzumachen. Ihre Geschichten sind eine Einladung, es ihnen gleichzutun. Mein größter Wunsch mit diesem Buch ist, dass Menschen sich auf die Suche nach sich selbst machen und ihrem eigenen Wesenskern, ihrer wirklichen tiefsten Identität näherkommen.

Albert Huchler

SCHAU IN DEINE TIEFSTE WUNDE

Das Allgäu zeigt sich von seiner schönsten Seite. Die Wiesen blühen, die Bienen summen. Wir laufen durch die Wiesen, haben einen schönen Blick über die wolkenverhangenen Alpen. Der Abendhimmel färbt sich rot und lila, als wir uns zu Leberkäse und einem Bier auf die Terrasse setzen und uns zu unterhalten beginnen.

Das Allgäu ist nicht Alberts Heimat. Eine Lebenskrise brachte ihn hierher: die Trennung von Frau und Familie. Hier hoffte er, sich ein neues Leben aufbauen zu können, sich beruflich noch einmal weiterentwickeln zu können, den Schmerz bearbeiten zu können. Und hier fand Albert die erhoffte Ruhe von der ständigen „Rush Hour“ seiner Lebensmitte und neue Ideen. Es sei wie eine göttliche Verheißung, wie ein Versprechen gewesen, dass er hier zur Ruhe kommen könne, erzählt er. Er vertraute sich diesem Gedanken an und erlebte Gott in dieser Situation als einen Helfer, einen Retter.

Der Krise gingen harte Jahre voraus, in denen er voller Perfektionismus seine Ziele verfolgte. Der Preis war hoch. Dennoch sagt er heute, dass das eigene Versagen, das Fallen, ihn barmherzig gemacht und sein Herz geweitet hat. Für sich selbst und auch für andere Menschen. Sie einfach zu lieben, egal, was sie glauben, ob sie glauben, welches Leben sie leben. Deswegen kann er auch wieder in seinem Beruf als Krankenpfleger und als Heilpraktiker arbeiten. Durch die Krise hat sich sein Gottesbild sehr verändert. Er berichtet mir, dass in sein Glaubensleben Gelassenheit und Ruhe eingekehrt seien. Er kann es heute schlicht auf den Satz reduzieren „Gott liebt mich, und ich liebe ihn“. Alles andere spielt nicht mehr so eine große Rolle.

Albert wuchs in einem christlichen Elternhaus auf, kam als Jugendlicher mit der CVJM in Kontakt und erlebte für sich, dass Gott real ist und dass er an den Menschen interessiert ist. Sein Leben wurde fortan von dieser Realität geprägt und er schloss sich einer freien Gemeinde an.

Bei allem, was er tut, bezieht er Gott ein. Gott ist für ihn Freund, Vertrauter, Sohn Gottes, Vater, Bezugsperson. In allen Lebensphasen und Krisen zweifelt er nicht an Gott oder dessen Gegenwart. Für Albert ist es unumstößlich, dass er Gottes Kind ist, dass er sich geliebt fühlt, dass Gott tatsächlich die Liebe ist.

***

Wir laufen weiter durch die Wiesen. Die Schönheit der Natur nimmt mich ganz gefangen. Albert erzählt mir, dass die Natur schon seit seiner Kindheit für ihn ein besonderer Ort war. Gern und oft war er draußen, tankte Energie, ließ die Seele baumeln. Die Schönheit der Natur lässt ihn staunen und beten. Er sieht einen Schöpfer in und hinter alledem, der viel Liebe in Details steckt, die ganze Fülle des Lebens. Für Albert ist klar, dass Gott alle Dinge erschaffen hat, dass die Natur Gottes Wohnzimmer ist.

Zur Ritualarbeit kam er durch einen guten Freund, der ihm von einem Buch erzählte, in dem es um Rituale für Männer in der Natur geht. Nach der Lektüre verspürt Albert Lust, so etwas einfach mal auszuprobieren. Er nimmt sich das Rituale-Buch und geht genau nach Anleitung vor: Zuerst soll er sich etwas in der Natur suchen, das verletzt ist, beschädigt ist, eine Wunde hat.

Diese Wunde soll ihm als Symbol für seine eigenen Verwundungen dienen.

Albert zieht mit der festen Vorstellung los, dass sein Symbol ein abgeknickter Laubbaum sein soll. Auf der Suche nach diesem Laubbaum mitten in einem Nadelwald findet er aber nur eine Fichte, die in drei Metern Höhe eine großflächige Wunde hat, aus der Harz läuft. Auch wenn der Baum nicht seinen Vorstellungen entspricht, beschließt Albert, hier sein Ritual durchzuführen. Strikt nach Anleitung in dem Buch beginnt er: Er betet am Anfang, dass Gott bei ihm sein und zu ihm sprechen möge. Dann schaut er sich die Wunde des Baumes genauer an.

Zunächst passiert ... gar nichts. Heimlich schaut Albert immer wieder auf die Uhr, wartet, dass die Zeit vergeht, und wundert sich ein bisschen darüber, dass er sich überhaupt auf den Weg gemacht hat, dieses Ritual durchzuführen. Doch er vertraut der Aussage in dem Buch, dass er nichts machen muss, sondern dass er erleben wird.

Plötzlich, als er schon aufgeben will, hört er eine Stimme in seinem Inneren, die ihn fragt, ob er weiß, warum er im Nadelwald einen Laubbaum sucht. Albert ist verblüfft und antwortet in die Stille hinein: „Ich weiß es nicht."

Die Stimme in ihm sagt, er habe das getan, weil er etwas Besonderes sein möchte. Albert ist sich sicher, dass er sich die Stimme nicht einbildet. Was sie sagt, haut ihn förmlich um, er weint, ist tief berührt, ohne dass da viele Worte waren.

Er vernimmt die Stimme ein zweites Mal, und diesmal fragt sie, ob er weiß, warum er etwas Besonderes sein möchte. Auch darauf weiß Albert keine Antwort. Und dann erzählt ihm diese Stimme von dem Kind Albert, das das Gefühl hatte, nicht beachtet zu werden. Was Albert dann erlebt, lässt sich nicht mit dem Verstand erklären. Es übersteigt alle Worte und wirkt in seiner Seele: In ihm beginnt sich etwas zu sortieren. Etwas formt sich neu. Wie eine Operation an der Seele. Das Hören auf diese Stimme heilt eine Wunde; Albert empfindet einen bisher nie gekannten Frieden. Die offene Wunde schließt sich, vernarbt, bekommt eine Form, mit der er leben kann.

***

Albert macht noch weitere solche Erfahrungen in und mit der Natur, und sie tun ihm so gut, dass er beschließt, selbst Kurse zu geben und Rituale anzuleiten. Er bezeichnet sie bewusst als christliche Rituale, um sie für seine Zielgruppe verständlich und zugänglich zu machen.

Zuerst sind es Freunde, die daran teilnehmen, dann weitet sich der Kreis. Albert zeigt seinen vorwiegend christlichen Teilnehmenden, dass ein Ritual in der Natur nichts Unfassbares oder Seltsames ist, sondern einfach eine Möglichkeit, wie man sich für eine Begegnung mit Gott öffnen kann: In der Natur oder mithilfe eines Ablaufs in der Natur; indem man Zeit mitbringt und sich öffnet, eine konkrete Frage stellt und bewusst in diese Zeit ein- und austritt.

Für Albert ist jedes Rausgehen in die Natur schon ein Ritual. Er braucht keine Materialien, nur sich selbst und seine Frage. Er ist fest davon überzeugt, dass Gott an jedem Menschen wirken kann und will, dass alte Wunden heil werden können.

Wir fahren zu einem Fluss, um Bilder zu machen. Das Wasser sprudelt sommerlich um unsere Füße, ist weich und mild. Der Fluss ist wie ein Zuhause für Albert, erzählt er mir. Oft besucht er ihn am frühen Morgen, badet in ihm. Tankt Energie. Es ist für ihn wie eine kleine Morgenandacht, in den Fluss zu springen. Je reißender dieser ist, desto besser. Je kälter, desto lieber wirft er sich hinein.

Alberts Augen leuchten, als er mir sagt, dass er den Strom liebt, die Naturgewalten liebt, vor allem bei Sturm und Wind. Es fasziniert ihn zu sehen, dass die Natur auch wild ist, ungezähmt. Das gehört zu Alberts

Gottesbild dazu: Er ist nicht nur der liebe Gott, sondern auch der wilde Gott, unfassbar, ungreifbar, auch wenn wir alles gern verstehen möchten. Aber er ist wild. So wie der Fluss, der Albert immer wieder anzieht, denn dort spürt er das Leben.

Albert Huchler lebt im Allgäu und arbeitet als Heilpraktiker. Er berät Menschen in Übergangssituationen. Gern wendet er dabei auch Rituale in der Natur an.

Inge aus Franken

DER MENSCH MUSS LAUFEN

Wenn man zu Inge möchte, fährt man von Nürnberg durch das Kirschland von Franken. Inge und ich landen an einem kleinen Häuschen am Rande eines kleinen Dorfes. Ein Traum von einem wilden Garten mit Ausblick über Wiesen, Kalkfelsen und Buchenwald.

Nachdem wir ausgepackt haben, beschließen wir, einen Spaziergang zu machen. Inge nennt diese Spazierrunde „die kleine Dorfrunde“. Wir umrunden aber nicht das Dorf, sondern unberührte Magerwiesen, Blumenmeere, weidende Schafe und Pferde.

Inge liebt Bewegung. Lachend sagt sie, dass der Mensch doch zum Laufen gemacht ist. Sie mag ihre mehrstündigen Runden durch die Stille der Landschaft. Als wir wieder am Häuschen sind, bereiten wir uns ein Abendessen zu. Eine einzelne Kerze erleuchtet den Gartentisch. Auch diese löschen wir später, um den unglaublichen Sternenhimmel besser sehen zu können. Wir genießen die Ruhe der ländlichen Gegend und lauschen den Geräuschen des Waldes in der Nacht.

Hier ist Inges Rückzugsort. Die Natur ist nah, die Stille ist die schönste Melodie. Je älter Inge wird, umso mehr spürt sie ihre Sehnsucht danach, mehr Zeit draußen zu verbringen – ja, dass sie das Draußensein zunehmend braucht. Hier in der Fränkischen Schweiz kann sie im Rhythmus der Jahreszeiten aufatmen, sich erholen und Abstand vom Alltag gewinnen.

Inge ist auf einem Bauernhof groß geworden und kennt den alles entscheidenden Einfluss der Jahreszeiten, die Abläufe der Natur, die Abhängigkeit von der Witterung. In ihr ist das Wissen tief verankert, wie sehr der Mensch von der Natur abhängig ist, weil er von ihr lebt. Sie weiß auch, wieviel Arbeit in jeder einzigen Kartoffel steckt oder in einem Brot oder in einem Liter Milch. Sie leidet daran, wie sehr wir unsere Umwelt zum Leidwesen der Natur verändert haben, um den Böden in Monokulturen und Pestizidwolken das Maximum abzuringen. Auch hier in der Nähe ihres Häuschens betrauert sie so manche Fläche, die mit Mais bepflanzt wurde und vorher eine blühende Wiese war.

Auf dem Hof half sie früher immer mit. Die Sonntagnachmittage nach dem Gottesdienst waren die einzige freie und damit heilige Zeit. Sie durfte unter dem Apfelbaum liegen, ohne ein schlechtes Gewissen zu haben. Ihr gefiel es, im Schutz des Baumes ein Buch zu lesen oder in die Baumkrone oder den Himmel zu schauen.

Auch heute braucht sie keine andere Urlaubsform als das Wandern in der Natur. Das ist ihre ureigene Fortbewegungsart, die sie während des Studiums entdeckt hat. Beobachten und in Bewegung sein – beides ist beim Gehen möglich. Es zieht sie immer wieder raus auf die Wanderwege. Sie hat viele davon in der Fränkischen Schweiz erwandert und die Gegend rund um das Wochenendhaus kennt sie wie ihre Westentasche. Oft stellt sie sich ihre Routen zusammen und geht einfach los. Besonders, wenn ein Thema sie gerade stark beschäftigt. Andere Menschen meditieren oder behelfen sich mit anderen Herangehensweisen oder Techniken. Ihr hilft das Alleinlaufen, um Dinge zu verarbeiten. Es ist ein Schatz für sie und ein wunderbares Geschenk, sich in der Natur zu bewegen

oder einfach einen Nachmittag unter einem Baum zu liegen. Mehr braucht sie nicht.

***

Wenn man in dieser Stille am Häuschen sitzt, kann man die Enttäuschung verstehen, die Inge überkam, als auf ihrer zweiten Visionssuche an dem Ort in Ostwestfalen, an dem sie Ruhe und Weite suchte, ein Windrad stand, die Getreideernte in vollem Gang war und bis spät nachts Mähdrescher und Traktoren zu hören waren. Kein Wunder, dass sie sich nach der Stille ihres Häuschens sehnte oder nach den Alpen, wo sie ihre erste naturrituelle Erfahrung

im Rahmen einer Fortbildung gemacht hatte.

Beide Erfahrungen hängen zusammen, denn die in den Alpen ermöglichte Inge den nächsten Schritt in Ostwestfalen. Für beide Erlebnisse ist sie sehr dankbar: Neugierig gemacht von einer Bekannten, nimmt Inge an einer fünftägigen Auszeit in den bayrischen Alpen teil, in der sie auch eine Nacht allein in der Natur verbringt.

Etwas, das ihr zuerst Respekt einflößt und dann überraschend leicht fällt, ist dabei das Fasten. Sie erlebt, dass nichts Schlimmes passiert, dass ihr Körper auch mal verzichten kann, dass er Reserven hat und sie mit der Pause zufrieden ist. Diese Erfahrung beruhigt sie, macht sie gelassen und zeigt ihr, dass sie offen sein kann und auch allein keine Angst haben muss, dass die Nacht an sich nicht bedrohlich ist, sondern dass es ein großes Geschenk ist, sich ihr ohne schützende Mauern hinzugeben und einfach zu sein. Und erstmals erahnt sie, dass der Rückzug in die Natur das wichtigste Mittel für sie ist, um sich auf eine neue Aufgabe oder Lebensphase vorzubereiten.

Schnell wird Inge klar, dass sie für die Nacht in den Alpen einen Platz braucht, an dem das Wasser rauscht. Sie braucht dieses Sinnbild des Lebens, den Ursprung des Lebens in ihrer Nähe. Das Wasser ist für sie ein Symbol von Fülle, für das Wissen, dass genug für sie da ist. Ein Sinnbild dafür, dass sie genug Unterstützung bekommen wird für alles, was noch kommen wird, dass der Fluss des Lebens sie trägt.

Bei einem Spaziergang gelangt Inge zu einem Ort, an dem mehrere Wasserläufe zusammentreffen. Dort setzt sie sich auf die Steine, und plötzlich beginnen die Tränen zu laufen. Umringt von so viel Leben spendendem Wasser spürt sie: Die kleinen, von allen Seiten herbeifließenden Bäche symbolisieren für sie Unterstützung, ein Getragensein in dieser Welt. Das Bild stärkt ihr Vertrauen und rührt sie zutiefst an. In ihr reift die Erkenntnis, dass sich etwas Neues anbahnt.

Einige Monate nach der Auszeit wird ihr klar, dass sie die Kirchengemeinde verlassen muss, für die sie arbeitet, und kündigen wird. Es ist für sie ein großer Einschnitt, das hinter sich zu lassen. Wie schmerzhaft dieser Prozess tatsächlich ist, zeigt sich in den Wochen nach ihrer Kündigung. Die Situation verschärft sich, doch sie beschließt, sich nicht krankschreiben zu lassen, sondern durchzuhalten. Es ist eine harte Zeit mit vielen persönlichen Herausforderungen, die sie als Chance zu sehen versucht, alte Verhaltensmuster aufzubrechen und sich persönlich weiterzuentwickeln.

Der Schmerz sitzt tief, und schon während dieser emotional harten Monate spürt sie, dass sie noch einmal ein längeres Übergangsritual in der Natur absolvieren möchte. Sie will einen Abschluss für diese Zeit finden. Sie meldet sich zu einer Visionssuche mit drei Tagen und drei Nächten Auszeit an.

Bis dahin vergehen noch ein paar Monate, die Inge für sich nutzt, um die vergangenen

Jahre zu reflektieren und an sich vorüberziehen zu lassen. Sie sucht sich zunächst keine neue Stelle und bettet die Visionssuche in ihre selbstgewählte Übergangszeit ein. Inge ist überzeugt davon, dass es wichtig und hilfreich ist, den Übergang wirklich wahrzunehmen und rituell zu gestalten, sich die Verletzungen und den Schmerz noch einmal gründlich anzusehen. Es ist genau der richtige Zeitpunkt und die richtige Erfahrung für sie. Am Tag ihrer Abreise liegt als Schlusspunkt endlich ihr Arbeitszeugnis im Briefkasten, und sie kann sich frei auf den Weg machen, das Gewesene zu feiern und alles emotional abzuschließen.

***

Die Visionssuche hilft ihr dabei, alle Schmerzen, die mit der Arbeitsstelle verbunden waren, konkret zu benennen und anzuschauen. Für jede schmerzhafte

Erfahrung sammelt sie in der letzten Nacht ihrer Auszeit einen Stein. Sie gruppiert die Steine um ihr Lager und spricht mitten im Wald laut und konkret aus, wofür jeder Stein steht.

In dieser Stunde setzt eiskalter Regen ein, alles wird nass. Kleine Bäche rinnen über den Waldboden um sie herum und erinnern sie an den tröstenden Zuspruch des Wassers in den Alpen: Es wird genug da sein, sie ist getragen. Sie verabschiedet sich einzeln von jedem der Steine und legt sie auf eine Anhöhe. Diese kleine Geste lässt die schmerzhaften Emotionen in ihr langsam weichen. Der Schmerz von damals ist ausgesprochen und liegt jetzt gut an dem Ort im lippischen Wald. Dieser Schmerz gehört zu ihrem Leben dazu, er will gespürt und wahrgenommen werden, er darf sein und er will angenommen werden. Viele Jahre hat sie versucht, diesen Schmerz nicht zu spüren, hat ihn verbannt, wollte ihn nicht wahrhaben. Es ist diese große Erkenntnis, zu der sie gelangt: Schmerz ist ein Teil der menschlichen Existenz, sie darf ihn spüren und wahrnehmen als Teil ihrer selbst.

Diese Erfahrung hilft Inge dabei, auch andere Menschen so anzunehmen, wie sie sind, in ihrem Schmerz, in ihrer Lebensgeschichte und in ihrem Leid, und zu verstehen, was sie dazu bringt, so zu handeln, wie sie handeln. Die Krise wird zu einer spirituellen Erfahrung für sie. In Psalmen und in Bachkantaten findet sie in Worte gefasste Beschreibungen leidvoller menschlicher Existenz. Es tröstet sie, dass sie mit dieser Erfahrung nicht allein ist, sondern dass Jahrhunderte vor ihr Menschen schon wunderbare Möglichkeiten fanden, diesen Schmerz musikalisch und auch poetisch auszudrücken. Trotz der großen Verletzung, die sie in der Kirche erfahren hat, ist ihre Beziehung zu Gott nicht abgebrochen.

Inge fühlt das tiefe Wissen in sich, dass wir alle einen göttlichen Funken in uns tragen. Das Wissen darum, dass es Dinge gibt, die unser materielles Denken und die physisch sichtbare Welt bei Weitem überschreiten. Dabei ist die Art und Weise, wie Menschen sich Zugang zu dieser Welt verschaffen, ganz unterschiedlich – wie auch die Menschen selbst sehr verschieden sind.

Für Inge ist das Hinausgehen in die Natur die passende Art und Weise. Für sie wird hier draußen besonders erkenntlich, dass es im Leben um Wachstum und Entwicklung geht und dass diese Prozesse immer mit Schmerz und Leid verbunden sind. Für sie lebte Jesus Christus diese Erfahrung vor.

Inge lebt in Franken. Wenn sie nicht gerade läuft oder liest, hält sie Seminare zum Thema Menschenrechte und Diskriminierung, daneben leitet sie einen Nachbarschaftstreff.

Ulrich Schineis

HÄSSLICHES WIRD SCHÖN

Heilige Momente
kann man nicht herbeirufen.
Sie sind einfach da.

Einen heiligen Moment erlebten wir, als wir zusammen am See die ersten Sommersteinpilze fanden, diese in der Pfanne brieten und mit Spaghetti aßen. Einen anderen, als das Mondlicht sanft durch die Bäume schien, ein Käuzchen rief und die Kirchturmuhr schlug. Oder als wir zum See fahren wollten, das Radio unverhofft das wunderbare Lied „What a wonderful world" spielte. Und wir statt loszufahren im Auto sitzen blieben, mitsummten und die Tränen fließen ließen. Ja, was für eine schöne Welt.

Das erleben Uli und ich während unseren beiden gemeinsamen Tagen in Buxach bei Memmingen. Es ist sommerlich warm. Die Alpen halten sich bedeckt und sind nicht zu sehen. Ein Rotmilan kreist über uns, eine Biberburg schweigt in der Sonne, Bäche plätschern, kleine Seen kräuseln ihr Wasser, Wiesen wogen, Höhlen spenden Kühle, Wurzeln laden zum Klettern ein. Alles leuchtet in tausend Grüntönen, sogar das Wasser.

„Was für eine wunderschöne Welt", sagen wir uns immer wieder. Nun sitzen wir am See. Lassen uns berauschen von dem Grün. Eine Wasserschlange zieht an uns vorbei. Eine Libelle setzt sich auf mein Gesicht, bleibt, sonnt sich.

Das ist das Stichwort. In diesem Überfluss der Natur ist die kleine Libelle das Zeichen für Uli, seine Geschichte zu erzählen. Vom Wasser, vom Überfluss, von Libellen, von Transformation.

Für Uli ist Wasser sehr präsent, seit er denken kann. Er wächst in der Nähe eines Flusses auf, sein Vater ist Wildwasserpaddler, seine Mutter Skilehrerin. Wasser in allen Formen gehört zu ihrem Leben, immer auch mit der Warnung der Eltern verbunden, dass es schön und gefährlich ist.

Uli ist acht Jahre alt, als bei einem Familienpaddelurlaub Unglaubliches passiert: Der kleine Junge möchte auf der Kiesbank, an der die Familie Halt gemacht hat, sein eigenes kleines Feuer machen. Aufgeregt läuft er auf der Kiesbank um seine Feuerstelle, während die Erwachsenen am Ufer das Lager richten. Plötzlich beginnt die Kiesbank sich zu bewegen. Eine Unterspülung reißt die komplette Bank in den Fluss und mit ihr auch Uli. Plötzlich ist der Junge weg.

Uli erzählt, dass er in diesem Moment keine Angst hatte. Das Wasser war schön weich, umfing ihn, barg ihn. Die Welt ist für einen Moment ganz still. Eine weiße, warme Hand streckte sich ihm entgegen, hält ihn. Er fühlte sich nach dem ersten Schreck geborgen.

Wenige Augenblicke später wird er aus dem Wasser gerissen. Knapp vor dem Eingang zur Schlucht rettet ihn einer der Erwachsenen. Erst später am Feuer dämmert dem kleinen Jungen, dass diese warme, weiße Hand jemand Drittes gewesen sein muss.

Seit diesem Tag weiß Uli, dass dem Wasser eine verborgene, große, umfassende Kraft innewohnt, die gleichzeitig mitreißt und birgt. Die Faszination und auch der Respekt vor dem Element ist tief in ihm

verankert. Er spürt im Wasser besonders die Ungewissheit des Lebens, das einen auch verschlingen kann. Gleichzeitig ist es sein Lieblingselement.

So springt Uli in jedes Gewässer, das ihm begegnet. Auch heute. Er schwimmt wie ein Fischotter, schnell und wendig gleitet er durch das opalisierende Wasser. Heute taucht er sogar mit offenen Augen. Er genießt es, sich anders bewegen zu können als an Land. Sich vom Wasser tragen zu lassen, sich hineinzugeben.

***

Etwas später sitzen wir tropfnass auf einer Bank an diesem wunderschönen wilden Ort und Uli erzählt mir, wie er auf die Idee gekommen ist, eine Visionssuche zu absolvieren.

Uli ist Pfarrer in einer evangelischen Kirchengemeinde in Süddeutschland, als er und seine Frau Kontakt zum Stamm der Hopi in Nordamerika bekommen. Die Begegnungen mit den Hopi sind für beide sehr prägend und nähren in ihnen die Sehnsucht, ursprünglicher zu leben und mehr im Einklang mit der Natur zu sein. Sie hören zum ersten Mal das kraftvolle Wort „Initiation“, sind fasziniert, forschen und fragen, was das ist. Es zieht sie an, macht sie neugierig.

In Deutschland stößt Uli auf verschiedene Bewegungen der Männerinitiation und auch auf die Visionssuchearbeit. Innerhalb seiner Landeskirche wird er nach einem Hirnstamminfarkt und langer und

schmerzvoller Krankheits- und Rehaphase von einem Kollegen dazu ermutigt, diese Arbeit kennenzulernen und sich dafür ausbilden zu lassen. Jeder Ausbildung steht die eigene Erfahrung voran, deshalb reist Uli als Teilnehmer zu einer Visionssuche nach Schweden.

Er fährt extra einen Tag früher dorthin, um sich die Gegend genau anzusehen. Er wünscht sich, seine Auszeit am Wasser verbringen zu dürfen, und sucht sich bereits vor der Auszeit auf der Karte ein Gebiet aus, an dem sein Ort sein könnte.

Als der Tag der Platzsuche für seine viertägige Auszeit naht, ahnt Uli noch nicht, dass alles ganz anders kommen wird. Zunächst noch zielsicher und bestimmt, geht er in das Gebiet, das er vorher ausfindig gemacht hatte. Doch dann kommen erste Zweifel in ihm hoch, ob seine Wahl die richtige war. Er stellt bewusst den Kopf aus, verliert seine zielgerichteten Gedanken und versucht, sich von der Natur, von seiner Intuition leiten zu lassen. Grüne Moosfelder faszinieren ihn, und er folgt dem weichen, fluffigen Bewuchs, lässt sich einfach ziehen, mit dem Blick auf den Boden. Sehr spät, als er endlich wieder aufschaut, merkt er, dass er vor einem See steht. Genauer gesagt auf einer kleinen Halbinsel aus Felsen mitten in einem See.

Uli verliebt sich sofort in diesen Flecken Erde. Er reißt sich den Rucksack vom Rücken und jubelt, weil er weiß, dass das sein Platz ist. Einer Eingebung folgend spricht Uli den Ort an, stellt sich ihm vor und fragt, ob er hier bleiben kann. Und er bittet um ein Zeichen.

Noch ehe die Antwort kommen kann, baut Uli seinen Unterschlupf auf. Dann setzt er sich davor und wartet in den Tag hinein. Er betet darum, dass ihm Tiere begegnen mögen, möglichst große, beeindruckende Tiere.

Was er dann aber sieht, ist ein unglaublich hässliches, außerirdisch anmutendes Wesen, das sich an seiner Unterschlupfplane langsam nach oben schiebt. Er blickt auf das abstoßendste Insekt, das er je gesehen hat, und ist enttäuscht. Soll er in so einer wunderbaren Landschaft in Schweden wirklich so ein hässliches Zeichen bekommen? Nach einer Weile des Beobachtens beschließt er, dieses Zeichen hinzunehmen – auch wenn es ihm nicht gefällt.

***

Wenn die Teilnehmer ihren Platz gefunden haben, sollen sie wieder zur Gruppe zurückkehren und noch eine Nacht mit den anderen Männern verbringen. Dann geht es für drei Tage und drei Nächte raus zu der Halbinsel.

Am Morgen der Aussendung schüttet es, und Uli kommt vollkommen durchnässt an seinem Platz an. Er achtet zunächst nicht auf das Wesen, das ihm am Vortag begegnet war. Als er seinen Unterschlupf mit Schlafsack und Isomatte einrichtet, reißt der Himmel auf, die Sonne bricht hervor. Nun sieht er auch wieder das hässliche Insekt, das in der Zwischenzeit noch hässlicher geworden ist. Beim genaueren Hinschauen erkennt Uli, dass der vermeintliche Käfer aufgeplatzt ist. Und dann erst erblickt er eine wunderschöne grünblaue Libelle, die neben der aufgeplatzten Hülle sitzt und ihre Flügel zum Trocknen ausgebreitet hat.

Uli beobachtet stundenlang das Schauspiel des Trocknens, ehe die Libelle sich verabschiedet und von dannen fliegt. Und in diesem Moment wird Uli klar, dass dies der Ort und die Zeit auch für seine Transformation, seine Metamorphose ist. Glücklich liegt er in der Sonne, genießt den Ausblick, die Brise, sein Reich. Er lässt sich auf die Wandlung ein, wie die Libelle sie ihm vormachte. Er, der nach dem Hirnstamminfarkt noch einmal leben darf, breitet schüchtern seine Flügel aus. Er, der seit dem Infarkt täglich große Schmerzen erträgt, darf ein paar Tage einfach da sein und sich entspannen, ohne etwas zu verkörpern oder zu müssen. Für ihn ist es unstrittig, dass es in dieser Auszeit um eine innere Erneuerung geht, um die Umdeutung dessen, was schwer und hässlich in seinem Leben ist. Um das Erkennen des Schönen, das der Hässlichkeit entsprungen ist.

Die Libelle hilft Uli dabei zu erkennen, dass er seine Fragen nicht krampfhaft festhalten muss, sondern dass sich manche Antworten dann entfalten werden, wenn die Zeit gekommen ist. Er spürt, dass er auf Neues hoffen darf. Er erlebt an dem Ort, an dem er ist, eine nicht mit dem Verstand begreifbare Zuwendung ihm gegenüber, die sich um ihn und seine Bedürfnisse kümmert, ihn schützt

und birgt. Hier erlebt er Trost und Kraft. Hier darf er sein. Hier darf er sich nackt machen. Hier wird er gesehen, wie er ist.

***

Als er schließlich den Platz verlässt, ist er um eine einmalige Erfahrung reicher und um einen vertrauten Gegenstand ärmer. Ein kleines silbernes keltisches Kreuz begleitet ihn schon seit 20 Jahren. Dieses Kreuz legt er als Dank unter das Moos an seinem Platz. Als er zum Abschied noch einmal unter das Moos schaut, ist das Kreuz weg. Als hätte der Ort sein Zeichen und seinen Dank angenommen, um ihn mit neuem Schutz und Zuwendung zu beschenken.

Das erste kleine Wunder nach seiner Rückkehr ist die Begegnung mit seiner Frau. Er klingelt an der Haustür, bepackt mit all den Widerfährnissen und seinem Rucksack. Seine Frau, die noch nichts von seinen Erlebnissen weiß, begrüßt ihn an der Haustür. Sie hat sich hübsch gemacht für ihn, extra ein neues Shirt mit Aufdruck gekauft. Quer über ihrer Brust prangt eine Libelle. Uli ist sprachlos, dass er das Zeichen seiner Visionssuche bei sich zu Hause, an seiner Frau findet, noch ehe er das Haus betreten hat.

Nach und nach sickert die Erkenntnis in sein Herz, dass das, was er in Schweden erlebt hat, eine Begegnung mit Gott war. In der Natur hat sich ein Tor geöffnet, durch das Gott neu in sein Leben eintreten kann. „Und das war alles ich", ist der Satz, der hinter all dem steht.

Seitdem ist Ulis Leben anders. Als wäre die Natur ein Lockmittel desjenigen, der sie geschaffen hat, um seine Gegenwart erfahrbar zu machen. Das Lebensgefühl seiner Kindheit, einfach geliebt zu sein, hält wieder unverstellt Einzug in sein Leben. Uli entdeckt die Unbeschwertheit wieder neu.

Mit der christlichen Vorstellung von Ewigkeit und von Himmel hat er nie viel anfangen können. Heute kann er sich vorstellen, dass der Himmel sich vielleicht ähnlich anfühlen könnte wie bei seiner Visionssuche: präsent und liebevoll, geborgen und verbunden, redend und hörend, verstanden und verstehend.

***

Die Libelle auf meiner Haut ist längst weggeflogen. Wir schauen auf das Wasser und hängen unseren Gedanken nach. Dann beschließen wir, eine kleine Wanderung zu machen und zur sogenannten Bärenhöhle zu gehen, die ganz in der Nähe liegt. Der Name der Höhle hat eine besondere Bedeutung für Uli, denn als junger Mann begegnete er bei einer Wanderung in einem Nationalpark in den USA unfreiwillig einem Schwarzbären, als er sein Lager etwas naiv in der Nähe einer Bärenhöhle aufschlug.

Wir sitzen vor der Bärenhöhle und ich frage Uli, warum er Pfarrer geworden ist. Er lacht und sagt scherzhaft, dass das sicher ein Unfall war. Ihm war zwar irgendwann klar, dass er Theologie studieren wollte, doch war er unsicher, ob das große Schiff Landeskirche das Richtige für ihn ist. Über den Umweg als Pastoralassistent in einer Freien Gemeinde wird er landeskirchlicher Pfarrer in dem kleinen Ort bei Memmingen. Er macht die schöne Erfahrung, dass er hier seine Gaben sinnvoll und gut einbringen kann. Er ist dankbar für die Offenheit und Unkompliziertheit und den Mut seiner Gemeinde in Buxach. In dieser Gemeinde erlebt er tiefe Gemeinschaft, vor allem als er krank wird und die Gemeinde das auffängt.

Ich frage Uli, was aus seiner Naturbegegnung er heute in seinen Alltag einbringt. Er erzählt mir, dass er für sich selbst kleine tägliche Rituale pflegt und auch in seiner Arbeit verschiedene Naturritual-Formate anbietet. In seiner Gemeinde sind inzwischen einige Menschen mit ihm unterwegs gewesen – und bringen sich dann mit neuem Schwung, neuer Kraft und einer lebendigen Vision in die Gemeinschaft ein. Auch in der Konfirmandenarbeit versucht er für die Jugendlichen den Zugang zu Gott durch die Natur zu öffnen, wenn er mit der Gruppe im Kleinwalsertal unterwegs ist oder mit ihnen stille Zeiten im Grünen verbringt.

Aus Erfahrung weiß er, dass solche Rituale in der Natur eine tiefe und nachhaltige Wirkung bei Menschen haben, die dafür offen sind. Und dass Gott so außerhalb von Kirchenmauern und Dogmengebäuden auf besondere Weise erfahrbar werden kann. Es gibt Vorurteile und Widerstände und Vorbehalte von seiner Kirche und von einzelnen Menschen – so wie es auch viel Wohlwollen und Interesse gibt. Uli ist da inzwischen ganz entspannt, denn er hat es ja selbst erlebt: Aus Hässlichem kann Schönes werden. Und er ist heute da, wo und wie er immer sein wollte. Genau am richtigen Platz.

Ulrich Schineis ist Pfarrer der Evangelisch-Lutherischen Landeskirche in Bayern und lebt und arbeitet in Buxach bei Memmingen. Er leitet für die Männerarbeit des Dekanates Memmingen Naturrituale und Visionssuchen.

Katrin G.

ERDEN, UM ZU LIEBEN

Eigentlich wollte ich nur ein Brot kaufen und mich dann wieder gemütlich in die Hängematte legen, um meinen Sommerurlaub zu genießen.

Doch die Bäckerin Katrin und ich kommen in ihrem Laden miteinander ins Gespräch über das Leben, die Natur und Rituale. Schnell wird klar, dass Katrins Geschichte erzählt werden will. Nun stehe ich in einer kleinen Bäckerei in einer ländlichen Region in Mecklenburg und schaue einer Frau zu, wie sie Brotteig zu Laiben formt und in die Gärschüsseln legt. Katrin lacht viel, während sie den Teig bearbeitet. Man schmeckt es ihren Brötchen und dem Brot an, dass Liebe eingebacken wird.

Später sitzen wir zusammen auf einer Wiese hinter der Scheune und genießen den Blick auf den Mischwald. Katrin sitzt vor mir wie ein kleines Mädchen. Sportliche Kleidung, breites warmes Lachen, barfuß. Dass sie so viel lachen kann mit so einer schweren Geschichte, das ist berührend.

Geboren und aufgewachsen ist Katrin im Vorerzgebirge. Sie erlebt dort große Freiheit und Verbundenheit mit der Natur. Nach der Einschulung erfährt sie, wie man in einer sozialistischen Gesellschaft zu funktionieren hat. Sie ist eine Musterschülerin. Der Glaubenssatz, den sie eingeimpft bekommt, ist: *Sei folgsam und fleißig, denn aus dir soll einmal etwas werden, damit du in der Gesellschaft bestehen kannst.*

Es spielt kaum eine Rolle, welche Persönlichkeit in ihr steckt. Katrin muss sich anpassen an das von ihr Erwartete. Als sie die Schule abschließt, hat sie beste Leistungen erbracht, ist jedoch ihren eigenen

Berufsvorstellungen und Wünschen nicht näher gekommen. Katrin macht es wie immer: Sie erfüllt die Erwartungen der anderen, beginnt ein Ökonomiestudium, langweilt sich in der Ausbildung und im Beruf. Unterwegs lernt sie ihren Mann Jörg kennen, sie bekommen gemeinsam Kinder, bauen ein Haus, erleben die Wende.

Ein paar Jahre später möchte Katrin wieder arbeiten, jedoch wird ihre Ausbildung in der Bundesrepublik nicht anerkannt und sie gilt als ungelernte Arbeitskraft. Katrin entscheidet sich dafür, eine Ausbildung zur Steuerfachangestellten zu absolvieren, besteht die Prüfung und arbeitet in dem Bereich einige Jahre. Die Welt der Zahlen macht sie jedoch nicht glücklich. Sie möchte mit Menschen zu tun haben. Auf Umwegen fällt ihr ein Buch über craniosacrale Therapie in die Hände. Sie liest sich ein und ist fasziniert von der Wirkungsweise dieser Therapieform. Daraufhin beginnt sie die Ausbildung zur Ergotherapeutin. Sehr schnell wird deutlich, dass dies genau das ist, was sie schon immer machen wollte. Sie fühlt sich lebendig, bekommt einen neuen Zugang zu ihren Gefühlen und lernt mit großer Begeisterung immer neue Therapiemethoden und Naturheilverfahren kennen. Schon damals war es ihre Leidenschaft, mit den Patienten mit Brot- oder Salzteig zu arbeiten. Dass sie später in ihrem Leben einmal hauptberuflich mit Teig zu tun haben wird, ahnt sie zu dem Zeitpunkt noch nicht.

***

Ihr Leben ändert sich schlagartig, als ihr ältester Sohn einen schweren Autounfall hat. Der junge Mann wird mit zwei gebrochenen Beinen ins Krankenhaus gebracht und ins künstliche Koma versetzt, aus dem er nicht mehr aufwacht. Katrin erfährt erst von dem Unfall, als der Sohn schon im Koma liegt. Es ist ein Schock, der sie tief trifft. Besonders schmerzhaft ist es für sie, nicht mehr mit ihm sprechen zu können. Tagelang sitzt sie an seinem Bett und redet mit ihm, ohne eine Reaktion zu bekommen. Auch nach Wochen ist die Prognose niederschmetternd: Der junge Mann wird im Wachkoma bleiben

und der Pflege bedürfen. Die Familie entschließt sich, ihm zuliebe alles noch einmal zu ändern. Sie suchen sich ein neues Haus, das genügend Platz für eine eigene pflegetaugliche Wohnung für den Sohn bietet, denn schnell ist klar, dass die Familie die Pflege allein nicht leisten kann.

Am Silvestertag des Unfalljahres steht die Familie zusammen in der Dorfkirche, entzündet Kerzen und sagt Gott ihre Wünsche: Wieder mit ihrem Sohn sprechen können, das ist Katrins Wunsch, und dass sie einen guten Ort finden, um als Familie zusammen sein zu können.

Innerhalb von sechs Monaten finden sie das neue Haus mit Grundstück, verkaufen das Haus im Vogtland und ziehen nach Mecklenburg. Das Dorf heißt sie willkommen, sie werden schnell ein Teil der Gemeinschaft. Die Familie kommt wieder zu sich. Das dörfliche Leben bringt eine neue Ruhe in ihr Leben.

Katrin verbringt ihre Zeit zunächst zu Hause, wartend, denn es vergeht noch einmal ein Jahr, ehe ihr Sohn in die heimische Pflege verlegt werden kann. Die Zeit des Wartens ist schwer für sie, denn mit der Ruhe kommt bei Katrin der ganze Schmerz über den Unfall und seine Folgen wieder hoch. Und auch die Frage, was sie nun in diesem Haus und an dem neuen Ort tun kann. In ihren alten Beruf der Steuerwelt zurückzukehren ist ausgeschlossen. Auch als Ergotherapeutin zu arbeiten kommt hier nicht in Frage.

Ihr Mann bringt sie schließlich darauf, die Liebe zum Teig zu ihrem Beruf zu machen. Katrin beginnt Brot zu backen, lässt sich ausbilden, macht die Meisterprüfung und eröffnet einen kleinen Bioladen mit Bäckerei. Ihre Angst, damit kein Geld zu verdienen und nicht anerkannt zu sein, erweist sich als unbegründet: Schnell wird ihr Laden zum zentralen Punkt im Dorf. Ein Ort des Austauschs und des Gebens und Nehmens. Katrin kann einem Beruf nachgehen und dennoch in der Nähe ihres Sohnes sein.

Der Laden und die Entscheidung, selbstständig und unabhängig zu arbeiten, retten sie aus ihrer angelernten Haltung, sich immer anzupassen, fleißig und folgsam zu sein und der Gesellschaft zu nützen. Sie entscheidet, nicht an allen Tagen zu backen, sondern die Zeit zu nutzen, um sich mit sich selbst und ihren inneren Prozessen zu beschäftigen. Es ist einer ihrer ersten Schritte, um sich selbst wiederzufinden. Sie möchte erfahren, wer sie im Grunde ihres Herzens ist, denn sie hat das Gefühl, genau das in ihrem Leben bisher versäumt zu haben.

***

Jeden Tag, zu jeder Jahreszeit und bei jedem Wetter geht Katrin in den Wald hinter ihrem Haus, um sich zu erden, wie sie sagt. Es wird zu ihrem täglichen Ritual, zur Meditation und zum Gebet. Sie versucht, die Erde unter sich zu spüren, und wenn das mit den Füßen nicht gelingt, legt sie sich auf den Boden und breitet die Arme aus. Sie liegt einfach da, die Haut in Kontakt mit dem Waldboden, der Erde. Sie schaut in die Baumkronen, in den Himmel, und ist einfach nur da. Die Erde unter ihrem Körper zu spüren, gibt ihr Kraft. Die Ruhe auf dem Waldboden heilt ihre Unruhe. Sie schaut sich von den Vögeln ab, dass es genügt, einfach nur da zu sein. Dieses tägliche Ritual entfaltet im Verlauf der Jahreszeiten seine ganze geheimnisvolle Kraft. Katrin sagt, sie hat auf diese Weise Gott gefunden. In der Natur hat sie das Gefühl, endlich frei und sie selbst zu werden.

Als Katrins Sohn schließlich nach Hause verlegt werden kann, ist sie ein wenig mehr bei sich selbst angekommen. Sie fühlt sich geerdeter. Der Laden, ihre Familie und ihr Sohn – das alles braucht sie, aber ebenso auch die Ruhe für sich selbst. Ohne diesen Kontakt zur Erde könnte sie nicht bestehen, sagt sie, denn er nährt ihre Liebe und ihre innere Stärke. Je regelmäßiger sie diesen Kontakt sucht, umso leichter fällt ihr der Alltag. So führt sie die Spaziergänge in den Wald fort, erfährt dort immer neu und immer tiefer göttliche Liebe. Und die Liebe, die sie im Wald empfängt, verschenkt sie an die Menschen um sich herum weiter.

Die Liebe verändert auch die Familie. Der Sohn beginnt langsam erste Regungen zu zeigen und sich auszudrücken. Katrin hat das Gefühl, je freier sie ist, desto freier wird auch ihr Sohn. Endlich können sie wieder in Kontakt treten. Gemeinsam tasten sie sich zurück ins Leben.

Heute sagt Katrin, dass ihr Bewusstsein für das Leben erst mit dem Unfall ihres Sohnes begonnen hat. Rückblickend ist sie sicher, dass Gott alles geführt hat. Sie lacht und sagt, dass sie diese Liebeskraft jedenfalls einfach Gott nennt, auch wenn sie keine Kirchenanbindung hat. Manchmal hat sie das Gefühl, dass das Leben ihr Prüfungen von Gott aufgibt, damit sie lernt, weiter an sich zu arbeiten, weiter Segen zu empfangen, nicht aufzugeben. Gott ist für sie die Quelle, der Ort, wo wir herkommen. Gott ist ein großes Liebesgefühl, das manchmal schwer auszuhalten ist, weil es so groß ist. Und Gott ist die Führung, die sie in ihrem Leben schon oft erlebt hat: dass ihr die richtigen Worte zur rechten Zeit kommen, dass die Liebe ausreicht für ihre Aufgaben, dass sie am richtigen Platz ist.

Katrin versucht weiter, dieser Liebe zu folgen und aus ihr heraus zu leben, Die Kraft dazu findet sie in der Natur. Das sieht sie als ihren Lebensweg, ihre Aufgabe: Immer wieder in der Natur zur Ruhe zu kommen, aufzutanken und Liebe zu verschenken. Und Brot zu backen.

Lachend sagt sie, dass es in ihr noch so viel zu entdecken gibt, dass es immer wieder spannend sei, was sich ihr alles öffnet. Sie ist neugierig darauf, was noch kommen wird. Eins ist sicher: Sie wird ihrem Herzen folgen.

Katrin G. lebt mit ihrer Familie im mecklenburgischen Eldetal. Sie betreibt eine kleine Bäckerei und einen Bioladen. Auf ihrem Hof bietet sie auch Kurse für intuitives Malen an.

Hans-Gerd Bauer

WAS HÄLT, WENN ALLES FÄLLT

Der Morgen ist noch ganz frisch, als ich in Lauf an der Pegnitz aus dem Zug steige. Ich werde zum Brezelfrühstück von Gerd abgeholt. Gerd ist Theologe, Pfarrer der Evangelisch-Lutherischen Kirche in Bayern.

Wir treffen uns in einer Zwischenzeit, denn hinter Gerd liegen 16 Jahre Amt für Jugendarbeit und vor ihm das weite Feld eines Lehrauftrages in München. Inmitten dieser Zeit des Wechsels sprechen wir über die Bedeutung von Übergangsritualen für die Arbeit in der Kirche und für seine persönliche Geschichte. Eine Geschichte über viele Jahre, in der sich Gott für Gerd immer wieder gezeigt hat. In Kroatien, in der Wüste Sinai, am Nordkap, in Weißrussland, in Franken. Die Formulierung, wer dieser Gott für Gerd ist, ist allerdings erst einige Tage alt.

Dass es im Leben viele Bedrohungen und Hindernisse gibt, erfährt Gerd bereits als einjähriges Kind, als er einen heißen Topf vom Herd zieht und mit schwersten Verbrennungen viele Wochen im Krankenhaus verbringen muss. Für Gerd ist das eine Zeit der großen Einsamkeit und des Verlassenseins, denn die Eltern dürfen ihn nicht besuchen, und keiner beschäftigt sich mit dem kleinen Jungen. Er ist buchstäblich ans Bett gefesselt. Nach dem Weinen folgt Verstummen und Apathie, Gerd erlebt sich am Rande des Todes.

Die Brandwunden heilen nur langsam, und als Gerd endlich wieder heimkommt, ist er scheinbar ein anderer geworden. Ihm bleibt aus dieser Zeit das Gefühl, haltlos in diese Welt geworfen zu sein, und die Angst vor dem Alleinsein. In seinem weiteren Leben wiederholt sich die Erfahrung, dass sein Leben bedroht ist, mehrfach auf bestürzende Weise. Als Junge in den 70er Jahren ist es schwer, sich jemandem mit seinen Nöten anzuvertrauen und Hilfe zu bekommen, doch Gerd wird zum Überlebenskünstler und versucht, trotz Widrigkeiten, Missbrauch und Verletzungen ein ganz normales Leben zu leben.

Heute kann er vieles von dem, was er erlebte, besser verstehen. Immer noch ringt er damit, die ganze Bandbreite der Lebenserfahrungen als die eigene Geschichte anzunehmen und ehrlich anzuschauen: mit Verletzlichkeit und Kraft, mit Neugier und Grenzen, mit Angst und auch mit Mut.

***

Eine dieser Erfahrungen macht Gerd als Erwachsener, als Teilnehmer bei einer Visionssuche in Kroatien. Auf der Suche nach einem schönen Platz, an dem er seine viertägige Auszeit in der Natur verbringen kann, entdeckt er in einer Talsohle am Waldrand eine grüne Aue. Dort beschließt er sein Lager aufzubauen. Als er am ersten Abend dort spazieren geht, hört er das Trappeln von Hufen, das immer näher kommt. Auf der grünen Wiese erscheint eine Herde Wildpferde im vollen Galopp. Gerd bleibt in der Mitte der Wiese stehen, obwohl die Herde direkt auf ihn zurast. Wenige Meter vor ihm bremst das Leittier, und die ganze Herde kommt augenblicklich zum Stehen. Gerd und das Leittier schauen einander in die Augen. Es ist nicht ganz klar, wer mehr Angst hat. Gerd spricht das Pferd freundlich und ruhig an,

und es kommt auf ihn zu, schnuppert an der ausgestreckten Hand, lässt sich streicheln und beginnt dann zu grasen.

In diesem Moment fällt alle Anspannung von Gerd ab und es ist klar, dass er dazu gehört. Wie selbstverständlich wird er in die Gemeinschaft der Pferde aufgenommen, ist für die kommenden vier Tage und Nächte ein Teil von ihr. Er verbringt vier Tage mit der Herde auf der Aue. Die Erfahrung, aufgenommen zu sein, in Gemeinschaft zu sein, ist für ihn eine Allegorie für die Gemeinschaft aller Lebewesen untereinander. Er gehört dazu. Er muss nicht mehr allein sein. Ein Erlebnis, das im starken Kontrast steht zu seiner Kindheitserfahrung.

***

Ins Leben geworfen und doch behütet zu sein, dieses neue Gefühl gewinnt Gerd aus dieser Erfahrung. Er entfaltet daraus seine Lebensaufgabe: Gerd, der Pfarrer und Psychotherapeut, beginnt seine Ausbildung zum Visionssucheleiter. Heilen und Segnen – Visionssucheleitung und Pfarrdienst, beides verwirklicht sich in seinem Leben.

Gerd liebt diese beiden Rollen. Sie sind für ihn eine wundervolle Einheit von Theologie, Seelsorge und der Liebe zur Natur. Doch gleichzeitig fordern sie ihn über die Jahre auch stark heraus. Ihn beeindruckt an der Visionssuchearbeit, dass das Dasein in der Natur eine eigene Grenzerfahrung sein kann, sich öffnet wie ein bereitgestellter Raum, so dass eine Reflexion über die eigene Existenz möglich ist. Es entsteht ein Raum, in dem Menschen wirklich gesehen und wirklich gehört werden, mit Liebe und Respekt. Das Erzählen und Zuhören im Kreis der Teilnehmenden sind eine unmittelbare Erfahrung aller, die sich in den Raum des Rituals begeben.

Für Gerd stecken in dieser Arbeit auch Aufgaben, die im Grunde die Kirche hat: Menschen zu begleiten, undogmatisch, inmitten der Schöpfung Gottes. Die naturrituelle Arbeit ist für ihn etwas ganz selbstverständlich Geistliches. Gottes Wirken ist für Gerd vielfältig und damit auch in diesen Ritualen findbar. „Gottes Geist weht, wo er will", fügt Gerd noch hinzu, „auch außerhalb des institutionellen, kirchlichen, vertrauten und gewohnten Rahmens."

Voller Enthusiasmus bringt er die Aufgabe der Visionssucheleitung in das Amt für Jugendarbeit ein und bildet darüber hinaus weitere Leiter aus. Die Begeisterung, die ihn antreibt, lässt ihn oft weit über seine Kraft arbeiten und Zeit investieren. Dazu kommt, dass die Geschichten und Prozesse der Teilnehmenden Gerd immer wieder in Berührung und Resonanz mit seiner eigenen Geschichte bringen.

Nach einigen Jahren reicht seine Kraft nicht mehr aus, um in Balance zu bleiben. Er nimmt professionelle Hilfe in Anspruch, um sich und seine eigene Geschichte noch einmal tiefer anzuschauen. Als ein Ergebnis davon entscheidet er sich letztlich mit schwerem Herzen dazu, keine Visionssuchen mehr zu leiten. Um einen Abschluss für diese Zeit zu finden und auch um über seine berufliche Zukunft nachzudenken, fährt Gerd ein paar Wochen in die atemberaubende Schönheit und Wildheit der Natur am Nordkap, wo er noch einmal mit sehr tiefen, liebevollen Erfahrungen beschenkt wird. Er lässt sich ganz von dem Erleben einhüllen: „Es ist gut, dass ich da bin, und ich genüge so, wie ich bin."

Gerd ist dankbar für die Aufgaben der vergangenen Jahre. Doch im Sinne der Selbstfürsorge reift auf dieser Reise die Erkenntnis, dass es gut ist, nach 16 Jahren im Amt für Jugendarbeit die Arbeit dort zu beenden. Es bedarf einer Aufgabe, die ihn auch in Zukunft innen und außen beheimatet und ihn im Einklang hält.

***

Bei allem, was Gerd in seinem Leben und in den persönlichen Auszeiten in der Natur erlebt hat, wagt er zu sagen, dass es Gott war, der in bis dahin nie gekannter Präsenz zu ihm spricht und wohl schon immer gesprochen hat. Er erkennt, dass die alten Wunden langsam heilen. Alles Schwere in seinem Leben hat er bisher überlebt, ist hindurch getragen worden. Gerd wagt zu sagen, dass es Gott war, der ihn nicht verloren gehen ließ. Er kann zusammen mit dieser Erkenntnis immer besser annehmen, dass zu seinem Leben auch Schmerz, Angst und Einsamkeit gehören.

Auch wenn man nie weiß, wann, wo und wie er sich offenbart, ist Gott für Gerd heute ein bewahrender Gott. Er nennt Gott auch „die Grunddynamik des Lebens" und „die Kraft, die lebendig ist, erschaffend, schöpferisch tätig und antreibend". Die alttestamentarische Geschichte von Mose am brennenden Dornbusch ist für Gerd eine der treffendsten Beschreibungen für diese Kraft: Mose fragt die Stimme, die er aus dem brennenden Dornbusch inmitten der Wüste hört, wer sie sei. Und die Stimme antwortet: „Ich bin der, als der ich mich erweisen werde." Dieser Satz ist für den Theologen ein kleines Wunder, denn er zeigt beides zugleich: die Präsenz Gottes und seine Unfassbarkeit.

Wenn Gerd heute auf sein Leben schaut, dann ist es für ihn nicht mehr eine Katastrophenbiografie, sondern eine Bewahrungsgeschichte, die er mit Gott erlebt hat, auch in der Natur und den Ritualen. Diese Erfahrungen sind ein Gegenkonzept zu vielen der bedrückenden Erinnerungen, die seine Biografie mit sich bringt – und für Gerd sind sie ein Versprechen für seine Zukunft.

Am Ende des gemeinsamen Tages klettern wir einen Felsen hoch. Ich fotografiere Gerd so, wie er wohl in Norwegen gewesen sein muss: entspannt, Gitarre spielend und in die weite Landschaft schauend.

Hans-Gerd Bauer ist Theologe der Evangelisch-Lutherischen Kirche in Bayern. Heute lehrt er an der Ludwig-Maximilians-Universität in München in den Fächern praktische Theologie und Religionspädagogik.

Heike Talea Esch

ICH BIN IM FRIEDEN

Um ihr weißes Haar weht ein Wind, der an den Kleidern zerrt und durch alle Fasern des Wollpullovers zieht, den ich trage. Ich habe ihn mir von der schönen Frau geborgt, die vor meiner Linse sitzt und sich einen Kaffee einschenkt.

Dass es hier draußen so kalt sein würde, damit habe ich nicht gerechnet. Heikes Lippen berühren den Rand der Tasse und schlürfen das heiße schwarze Gebräu. Sie schenkt ein, reicht mir einen Becher. Ich lege meine Kamera beiseite, setzte mich neben sie und genieße in der morgendlichen Stille den Kaffee. Wir schauen über das Wasser. Von der Sanddüne aus haben wir einen guten Überblick über den kleinen See in der Nähe von Münster und die brütenden Wasservögel. Es tut gut, in der Natur zu sein, zu spüren, wie der Frühling an Raum gewinnt, wie alle Lebenskraft nach dem Winterschlaf der Natur wiederkommt, wie Hoffnung aufkeimt.

Es ist noch früh am Morgen und kühl, die Sonne ist gerade aufgegangen. Heike erklärt mir, warum wir an diesem Ort sind. Er erinnert sie an die Insel El Hierro und an ihre Zeit der Visionssuche dort. Dort hatte sie einen Platz auf dem Lavagestein, der einen guten Blick auf das Meer eröffnete. Die Landschaft ähnelt mit ihrer Weite, den Kiefern und dem Wacholder der auf El Hierro. Die Weite hat sie angezogen und der Wind.

„Warum hast du auf El Hierro an einer Visionssuche teilgenommen?“, frage ich sie. Sie blickt in die Ferne und erzählt. Sie ist aus zwei Gründen gefahren. Zum einen ganz profan, weil es ein Teil ihrer Ausbildung als Visionssucheleiterin war. Es ist ihr nicht leicht gefallen. Sie hat eine Urangst im Wald, vor allem vor Menschen. Inzwischen hat sie Taktiken gelernt, damit umzugehen, und ihr ist auch noch nichts passiert. Sie ist recht ängstlich und war auch kein Naturkind, das immer draußen geschlafen hat. Wenn sie mit ihren Eltern Urlaub machte, wohnten sie im Hotel.

Die ganze Idee, mit Ritualen in der Natur zu sein, war ihr am Anfang nicht vertraut. Mit Mitte 30 hat sie einmal eine Schwitzhütte im Rahmen einer Hochzeitszeremonie mitgemacht und in dem Zusammenhang eine erste kleine Auszeit in der Natur erlebt. Sie war überrascht, wie sehr sie dieses Erlebnis berührte. Und ahnte schon da: „Wenn ich einmal eine Visionssuche mache, dann erlebe ich mich selbst anders in der Natur, und alles ist anders, als es jemals war.“

Es hat dennoch ein paar Jahre gedauert, bis sie wirklich nach El Hierro gefahren ist. Der zweite Grund hinzufahren war, dass sie ihre Lebensmitte feiern wollte. Heike war zu dem Zeitpunkt Mitte 40, hatte spät zwei Kinder bekommen. Eine Mutter mit weißen Haaren und kleinen Kindern. Faktisch befand sie sich in der Mitte ihres Lebens. Sie hatte viel verwirklicht, was sie hatte erreichen wollen, privat und beruflich. Doch nun spürte sie, dass sich ihr Lebenstempo ändern würde, und auch, dass sie damit haderte.

Ihr Wunsch für die Visionssuche war, ihr bisheriges Leben wertzuschätzen. „In der Auszeit auf El Hierro hat das genau zwei Tage lang geklappt“, sagt sie und lacht. Ihr ursprüngliches Vorhaben war: *Ich würdige die Mitte meines Lebens. Ich feiere sie und ich finde heraus, wer ich JETZT bin.*

Als Heike das beschlossen hatte, ahnte sie noch nicht, dass ihr dabei auch alle Verletzungen aus Ehe und Beziehung und die anstrengenden Jahre begegnen würden. Dass aus dem Vorhaben „Feiern" ein „Hinterfragen" werden sollte, damit hatte sie nicht gerechnet. Die Erschöpfung, die sie empfand, war ihr rational bewusst, aber das Thema lag zu dem Zeitpunkt nicht obenauf.

***

Heike beginnt zu erzählen, wie die Auszeit für sie gewesen ist: „Ich freute mich darüber, draußen zu sein, in der Natur, und richtete mich mit den wenigen Dingen ein, die ich dabeihatte. Ich genoss den Weitblick. Der Wind und das Fasten haben mich gereinigt, von außen und innen. Ich hatte die Tage der Vorbereitungszeit wie einen reflektierenden Gang durch die letzten Lebensjahre gestaltet und mich daran gefreut. Es war tiefe Biografiearbeit, und ich habe heute das Gefühl, dass sich damals alle Dinge an ihren Platz sortiert haben. Zum Beispiel habe ich in der Zeit erkannt, wie wichtig es war, mich zu fragen, wer ich als Frau bin. Wer ich als Berufstätige bin. Wer ich als Mutter bin. Wer ich als Partnerin bin. In dieser Zeit habe ich eine symbolische Figur geschnitzt, die eine Frau darstellt. Erst später habe ich festgestellt, dass ich wohl mich selbst geschnitzt hatte."

In den ersten Tagen begegnet sie oft dem Tod: Schafsskelette, die auf einem Felsen liegen. Verwesung und Zerreißung. Ihr wird deutlich, wie fragil das Leben ist. Die Frage gewinnt Raum, wo ihr Zuhause ist. Zu dem Zeitpunkt lebt sie mit ihrem Mann in einem Haus. Das Haus ist eine permanente Baustelle und sie hat aufgrund dieser Situation nie richtig das Gefühl, angekommen zu sein. Nun fragt sie sich, ob sie dort überhaupt zu Hause sein kann. Damit verbindet sich auch die Frage, wo ihr individueller, persönlicher Platz im Leben ist.

Als diese Gedanken sie packen, sitzt sie unter einem großen Wacholderbusch. Dort ergreift sie plötzlich ein großes Gefühl von Einsamkeit und eine unendliche Sehnsucht nach ihren Kindern. Und mit dieser Sehnsucht verbindet sich ihr ganzer Schmerz, der endlich die Gelegenheit hat, sich zu zeigen. Sie fühlt den Schmerz darüber, dass sie sich für alle Personen und alle Dinge in ihrem Leben verantwortlich fühlt und dass sie diese Verantwortung auch freiwillig getragen hat. Der Schmerz rührt daher, dass sie glaubte, all das tragen zu müssen. Der Schmerz geht nicht mehr weg, obwohl sie versucht, ihn wegzudrücken.

Sie erkennt, dass sie sich mit der Frage auseinandersetzen muss, wo ihre Verantwortung liegt und was sie wirklich tragen muss. Es schmerzt sie, dass sie in der Beziehung Kompromisse eingegangen ist, die sie nicht eingehen wollte. Dass sie nicht mehr autark ist, dass sie sich verschenkt, aber auch ein Stück weggeben hat. Lange Zeit hatte sie ihr Tempo zurückgestellt, ihre Ideen und ihre Fragen. Tiefe Trauer kommt in ihr hoch, weil sich die Beziehung dadurch schwer anfühlt.

„Ich hockte auf meinem Schmerz. Ich habe ihn im wahrsten Sinne ausgekotzt, ausgeschwitzt, ausgeweint und betrauert, was zu betrauern war. Einen ganzen Tag lang, bis in die letzte Nacht der Auszeit hinein, die ich wach verbrachte. Der Wacholder ist ein Symbol für den Wendepunkt in meinem Leben geworden. Er hat mich geschützt, mir einen Schutzraum geboten, meinen Schmerz bewacht und mich aufgenommen."

An dem Ort, wo sie ihr Lager aufgeschlagen hat, wohnt ein Falke. Vermutlich hat sie ihm seinen Platz weggenommen und seinen Ruhebaum belegt. Er scheint aber ganz neugierig zu sein auf das Menschenwesen und beobachtet sie vom gegenüberliegenden Baum aus. Greifvögel lösen bei Heike Sehnsuchtsgefühle danach aus, fliegen zu können, und dieses schöne, mystische Tier ist wie ein Mittler in eine Welt, zu der sie keinen Zugang hat. Die Gegenwart eines so schönen Tieres hilft ihr dabei, trotz Zittern und Zagen weiterzumachen.

Der Falke wacht über ihr. Er ist für sie ein Symbol der Veränderung und des Mutes, den sie dazu braucht. Besonders in der letzten Nacht der Auszeit. Es ist kalt, tausend Gedanken rasen ihr durch den Kopf. Sie kämpft in dieser Nacht gegen die Verzweiflung und den Schmerz. Irgendwann kapituliert sie.

Als sie im Morgengrauen zu dem Baum schaut, sieht sie den Falken, der sich nicht gerührt hat und sie immer noch beobachtet. In diesem kurzen Moment, am Ende ihrer körperlichen Reserven und in der Kapitulation, liegt ein Schatz. „Diese letzte Nacht der Visionssuche ist eines meiner großen Erlebnisse, im gleichen Atemzug zu nennen wie die Geburten meiner Kinder und die Begleitung meiner Mutter durch Sterben und Tod."

***

Als der Morgen graut, ist das ein heiliger Moment. Ein Moment, in dem sie das Gefühl hat, der Himmel öffnet sich. Und dann merkt sie: „Meine Quelle, aus der ich lebe, ändert sich. Nicht die eigene Anstrengung, sondern das Leben selbst trägt mich. Ich bin eins mit allem. Es war nur ein Sekundelstel, aber der beste Moment meines Lebens."

Dieses Erlebnis trägt sie seit Jahren. In dem Moment ist sie versöhnt, es ist alles gut. Sie hat erlebt, wie die Natur sie beheimatet und sie einbindet, sodass sie sich verbunden fühlen kann. Es gibt zwischen ihr und der Natur keine Grenze, sie ist Teil von allem. Das gibt ihr Frieden und ein echtes Gefühl von „beheimatet sein in der Welt". Es gibt etwas, was sie trägt.

Früher war ihr Gottesbild nicht so geschärft. Ihr Glaube war trotz der Einbindung in eine evangelische Gemeinde theoretisch, ohne Erfahrungen. Die Gemeinschaft in der evangelischen Jugend und die Bach'sche Chormusik gaben ihr eine Ahnung von dem, wonach sie sich sehnte, und zeigten ihr eine geistliche Welt, die ihrem nüchternen, norddeutschen, intellektuellen Protestantismus bisher verborgen geblieben war.

Es hat sich alles gefügt, und heute kann sie sagen, dass ihre Sehnsucht nach einer Begegnung mit Gott in der Natur gestillt worden ist. Durch die Visionssuche gewann der Gottesbegriff für sie an Bedeutung, und sie sucht einen Namen für ihn. Sie hat es mit „Gott", „Geist", „Göttin" versucht. Aber das ist an bestimmte Bilder geheftet, und ein Name schränkt ein. Deswegen ist es für sie am stimmigsten, dieser Kraft keinen Namen zu geben. Sie ist das „All-Eins", an das Heike angeschlossen sein darf, das sie beseelt und die Welt beseelt.

Das Erlebnis der Verbindung macht ihr deutlich, dass ihr Leben ihre Lebendigkeit zeigen kann. Dass sie damit Frieden schließen kann. Es ist schon in ihr, und dennoch nimmt sie an, dass außerhalb von ihr eine große Macht ist, die alles verbindet, die alles beseelt. „Beseelung kann nicht nur aus dem Menschen kommen. Sie kommt aus einer geistigen Macht und löst tiefen Frieden in mir aus, der mich einverstanden macht mit meinem Leben: Ich muss nichts mehr tun, um diesen Frieden zu bekommen, er ist mir geschenkt worden. Und nun kann ich darauf vertrauen, dass alles, was schwer ist, sich fügen wird."

Die Visionssuche auf El Hierro endet mit dem Wissen, dass sie getrauert hat und dass sie ihr Leben genau so will, wie es ist: Ich bin getragen. Alles ist gut.

Angefüllt mit einem Gefühl von Frieden, aber auch voller Tatendurst, freut sie sich darauf, heimzukommen und ihr Leben zu sortieren. Noch immer ist in ihr eine Anklage, aber der Schmerz ist beweint. Sie weiß, dass noch viel Arbeit vor ihr liegt, aber dass sie Frieden mit dem Schmerz geschlossen hat und aufgehoben ist.

***

Der kalte Wind rüttelt an uns und wir beschließen, den Ort zu wechseln. Von der Sanddüne gehen wir zu einer Kiefer an der anderen Seite des Ufers. Heike breitet ihren Schlafsack aus, legt Schuhe und Ritualgegenstände zusammen und schlägt ihr Tagebuch auf. Sie schlingt sich ein wildes Tuch ins Haar, grinst mich an und meint, dass sie wohl so ausgesehen haben muss bei ihrer Visionssuche.

Ich sehe sie vor mir, wie sie am Fuße dieser Kiefer sitzt, wie sie sich zwischen die Wurzeln schmiegt, wie sie in ihr Tagebuch schreibt, die Räucherschale in den Händen hält, die Holzfigur der Frau, wie sie lacht, wie sie weint, wie sie sich hingibt in das Erleben, ganz in der Natur zu sein. Sie in ihrem Schlafsack, eingerollt und versunken in ihre Erinnerungen.

Der Kaffee ist inzwischen kalt, wir sitzen uns gegenüber, Tränen in den Augen. Uns beiden ist bewusst, was es heißen kann, einen heiligen Funken erlebt zu haben, der das Lebensfeuer neu entzündet.

Am Ende des Interviews löschen wir gemeinsam die Kerze. Nehmen uns in den Arm. Es ist spät geworden, und ich muss zum Zug. Mein Herz ist voll. Wir haben uns miteinander in den Wind gestellt, unsere Geschichten und Erlebnisse geteilt. Dafür bin ich sehr dankbar.

Heike Talea Esch lebt in Münster und arbeitet als Trainerin für Teams und Supervision, Einzelpersonenbegleiterin und Visionssucheleiterin.

Heiko Schleinitz

DIE BESTE VERSION MEINER SELBST

Ich parke das Auto am Rande eines Waldes unter einem Hochstand mitten im Nichts. Die GPS-Koordinaten, die Heiko mir gesendet hat, haben mich hierher geführt.

Ich bin kurz verunsichert, ob ich am richtigen Ort bin, doch da ertönt eine Stimme aus dem Wald und begrüßt mich etwas verschlafen mit einem herzlichen „Guten Morgen!".

Obwohl es erst 8:00 Uhr ist, ist es schon über 30 Grad heiß. Die Hitze beginnt über den Feldern zu flimmern. Der Wald spendet noch ein bisschen Kühle.
Wir setzen uns zwischen die Buchen. Heiko hat hier geschlafen. Überhaupt hat er zum ersten Mal allein im Wald übernachtet. Vor dem Interview wollte er allein sein, sagt er und deutet auf das bunte Zeltlager auf der anderen Seite des Feldes. Wir treffen uns während des *TheCircleWay Summer Camp* in Oelde. 50 Zelte stehen auf einer großen Wiese bei einem Bauernhof. Es ist eine gemeinsame Urlaubswoche mit Lagerfeuer, Gesprächsrunden, Teachings und viel Zeit. Im Mittelpunkt stehen der Austausch, friedliche Kommunikation und die Gemeinschaftsbildung.

Das Lager wacht langsam auf, wir hören die ersten Morgengeräusche. Heiko ist mit den Menschen hier eng verbunden. Wenn er diese Menschen trifft, ist es für ihn wie nach Hause kommen in eine Familie.

Neben dem Nachtlager von Heiko sind Kamera und Stativ bereits aufgebaut, denn er wird das Interview filmen, um es später für die Arbeit mit *TheCircleWay* zu nutzen, seine Geschichte hörbar und sichtbar zu machen. Heiko arbeitet gemeinsam mit zwei weiteren Teammitgliedern seit Monaten an einem Film über die Bewegung und die Menschen, die das Ritual des Kreises nutzen und damit einer alten Tradition folgen, die Frieden stiften möchte. Auch Heikos Geschichte soll vielleicht darin Platz finden.

Seine Geschichte beginnt mit dem Buch „Traumfänger" von Marlo Morgan, das in Romanform von der Naturverbundenheit der Aborigines in Australien erzählt. Das geschilderte Gemeinschaftsleben spricht Heiko an, die Nähe und Verbindung, die diese Menschen untereinander und mit der Natur haben. In ihm erwacht die Sehnsucht, diese Tiefe und Verbundenheit mit anderen Menschen zu suchen, zu finden und zu kreieren. Heiko hat viele und tiefe Freundschaften, in denen er diese Nähe erlebt. Doch die Idee, Verbundenheit in viel größeren Gemeinschaften und Gruppen zu erleben, erblüht und wird richtungsweisend für ihn.

Gemeinschaft als Gruppenerlebnis war bis dahin noch fremd für ihn. Heiko arbeitet als Mediengestalter. Der Auftrag einer Lebensgemeinschaft, Flyer für diese zu erstellen, bringt ihn zum ersten Mal mit Menschen zusammen, die ohne familiäre Bindung freiwillig zusammenleben. Nicht lange, und Heiko besucht die ersten Camps, die sich den Themen „Gemeinschaftsbildung" und „Frieden" widmen. Dabei lernt er das Ritual des Redekreises kennen.

Für ihn ist es ein heilsamer Schock und ein Kontrastprogramm zu unserer Gesellschaft, wie er sie erlebt: Er findet sich inmitten eines Kreises von Menschen wieder, die einander nur wenig kennen und in einem geleiteten Redekreis von ihren

Sehnsüchten, Wünschen und Träumen sprechen. Ein Kreis, in dem alle gleichberechtigt sprechen können. Ein Kreis, in dem jede Person ganz von den anderen wahrgenommen, gehört und nicht unterbrochen wird.

Heiko fühlt sich zugehörig wie zu einem Stamm, zu der Gemeinschaft aller Menschen, weil sie miteinander Erfahrungen und Gefühle teilen. Was ihn bei der Lektüre des Buches damals faszinierte, wird für ihn nun erfahrbar. Inmitten dieser Kreise öffnet er sich. Er kann frei sein, zeigen, wie er ist, und sagen, wie es ihm wirklich geht. Der Kreis von Menschen ist offen und interessiert an dem, was er sagt.

***

Das Ritual des Redekreises verändert Heikos Definition von Gemeinschaft. Für ihn ist es der Raum, in dem jeder die beste und authentischste Version seiner selbst sein kann und diese von den anderen geehrt, gefördert und unterstützt wird. Mit dieser besten Version seiner selbst lernt Heiko, seinen Gefühlen zu trauen und liebevoll, friedvoll und zärtlich in Kontakt mit sich

selbst sein. Er lernt sich selbst zu akzeptieren. Mit dieser Haltung versucht er seinen Alltag neu zu gestalten und mit seiner Arbeit in der Kommunikationsbranche auch die Verbindung der Menschen untereinander zu verbessern, damit mehr Verbundenheit gelingt. Es wird seine Aufgabe und eine Antwort auf seine Frage, was er in die Welt bringen kann.

Diese Aufgabe verändert Heiko. Er, der stets seine eigenen Grenzen überschritt, um sich selbst zu spüren, lernt über die Gemeinschaft im Kreis einen anderen Zugang zu seinen Gefühlen kennen. Zu seiner Angst, seiner Wut, seiner Traurigkeit, seiner Hoffnung, seiner Zärtlichkeit, seiner Liebe. In den Kreisen sitzend spürt er nicht nur die Verbindung der Menschen untereinander, sondern erahnt die Verbundenheit aller Lebewesen.

Mehr und mehr zieht es ihn in die Natur hinaus, deren Schönheit ihn fesselt, in der er sich lebendig fühlt, besonders, wenn er in der Nähe von Wasser ist. Die Stille, der Frieden und die Erholung, die er in der Natur findet, ziehen ihn immer wieder hinaus in die Wälder, an die Seen. Die Natur ist auch ein Ort, an dem er seine innere Stimme hören kann, so wie er es in den Rederitualen im Kreis kennenlernte.

***

Vor einigen Jahren warf im Camp jemand die Frage auf, wie die Idee der gemeinschaftsbildenden, friedlichen Kommunikation durch den Redekreis noch mehr Verbreitung finden könne. Heiko, der Mediengestalter und Kommunikationsexperte, gab damals die spontane Antwort, dass man einen Film drehen müsste, um die Gedanken der Friedenskommunikation und die Idee des Kreises zu verbreiten. Und ehe er sich versieht, leitet er mit einem kleinen Team ein Crowdfunding-Projekt für die Entstehung eines Dokumentarfilms.

Über drei Jahre begleitet das Team zwei der Ältesten, Manitonquat und Ellika aus den USA, die die Idee des *CircleWay* nach Deutschland brachten. Sie sind Lehrer und Älteste, besuchen Camps, leiten Redekreisrituale in ganz Deutschland. Heiko filmt und interviewt die beiden. Heute ist es klar: Der Film ist ein Teil des Erbes von Manitonquat. Am Vorabend unseres Interviews ist Manitonquat verstorben. Heiko trauert um seinen Lehrer, seinen Freund. Es ist für viele im Camp klar, dass sie nun gemeinsam das Erbe antreten, die Rituale im Kreis fortzuführen und zu verbreiten.

Heikos großer Traum ist es, dass sich die Kommunikation von Menschen in eine gewaltfreie und friedliche verwandelt. Dass sich eine Balance einstellt zwischen dem Sein und dem Tun. Dass Denken und Fühlen stärker Hand in Hand gehen. Der Film ist ein Puzzleteilchen auf dem Weg dahin, zwischen der Alltagsrealität und der Erfahrung echter Begegnung im Redekreis zu vermitteln. Wenn beides in Einklang kommt, dann kann auch die beste Version eines jeden Menschen selbst hervorkommen, sagt Heiko. Und wenn wir eine tiefere Verbindung zu unserem Selbst haben, können wir auch den Aufgaben des Lebens besser gerecht werden und sein, wie wir sind. Dann tun wir die Dinge, die uns entsprechen und für die wir brennen. Dann ist jeder im Einklang mit sich selbst.

Und das, sagt Heiko, ist etwas Göttliches. Tränen laufen ihm über sein Gesicht. Es ist nicht das erste Mal an diesem Morgen, dass er weint und lacht zugleich.

Ein Klicken und ein hektisches Blinken der Kamera zeigen an, dass die Speicherkarte voll ist. Vom Camp weht der Duft von Essen herüber. Es ist Zeit, sich wieder in das gemeinschaftliche Getümmel der anderen Menschen zu begeben.

Heiko Schleinitz lebt und arbeitet in Cottbus. Er ist Kommunikationsexperte und Mediengestalter. Über Crowdfunding hat er das *CircleWay*-Filmprojekt initiiert. Heiko liebt Kommunikation, von Mensch zu Mensch bis hin zur großen Kampagne.
Sein Weg ist es, genau diese Fähigkeiten für eine friedlichere Welt einzusetzen.

Ida M.

EINTAUCHEN

Ein Haus voll mit Büchern, Kunst, alten Möbeln. Drumherum ein Garten voller blühender Apfel- und Kirschbäume, Giersch und Löwenzahn. Eine große Wiese erstreckt sich im Anschluss. Rehe grasen hier gern, der Bussard hat an diesem Ort seinen Platz.

Wasser hat für sie schon immer eine besondere Bedeutung gehabt. Ida lacht, als sie erzählt, dass sie quasi auf dem Boot groß geworden ist. Zumindest hat sie einen großen Teil ihrer Kindheit auf und im Wasser in einem kleinen Schlauchboot oder ihrem ersten eigenen Holz-Falt-Paddelboot verbracht. In den Ferien war die Familie zu tagelangen Bootstouren über die Seen Mecklenburgs unterwegs. Seit langem pflegt sie am Neujahrstag das Ritual des „Anbadens“, des ersten Badens in einem freien Gewässer. Dabei spielen Temperaturen keine Rolle und so kann es sein, dass es auch im Schnee stattfindet.

In die Natur ganz einzutauchen, sich nackt dem Element Wasser hinzugeben, ist für Ida wie ein Lebenselixier. Ihre Seele wird dann ganz andächtig. Still. Der Energiespeicher in ihrem Inneren füllt sich wieder auf. Hier kann sie sich besinnen. Hier erfährt sie wieder, wer sie ist. Hier bildet sich ihre Persönlichkeit weiter. Sie ist ein Kind von draußen. Sie liebt die Weite Mecklenburgs. Dort ist sie aufgewachsen. Dort durchstreift sie die Wälder, baut Höhlen, sammelt Kräuter und Pilze. Und immer wieder ist sie auf und im Wasser. Stets mit dem Gefühl: In der Natur ist alles da. Die Natur ist für Ida eine Tragfläche, verlässlich und stark. In diese grünen Arme stürzt sie sich, so oft sie kann. Hier hat sie das Gefühl, einfach nur sie selbst zu sein.

Ida ist das Gewächs einer Künstlerfamilie in der DDR. Mit 14 setzt sie sich zum ersten Mal bewusst damit auseinander, woran sie glaubt. Sie will die Konfirmation in der evangelischen Kirche. Den Kontakt dahin sucht sie selbst, etwas zieht sie dort hin. Die Gemeinschaft. Die Lieder. In der Zeit der Vorbereitung spürt sie, dass die Konfirmation nicht nur ein altes Ritual ist, das sie zu einem Teil der Kirche macht, sondern auch eine politische Aussage, ein Bekenntnis, für das sie Repressalien in Kauf nehmen muss. Abitur zu machen ist damit für sie ausgeschlossen. Öffentlich zu werden, sich nicht mit ihrem Bekenntnis zu verstecken, hat erstmals einen Preis.

Nach dem Schulabschluss wird sie Krankenschwester in der Intensivmedizin, statt ihrem Herzenswunsch zu folgen und bildende Künstlerin zu werden. Die Intensivmedizin schenkt ihr viele Begegnungen mit Sterbenden; Gespräche, Gesichter und Geschichten, die sie ihr Leben lang nicht vergessen wird. Angesichts der Sterbenden verliert sie die Angst vor dem Tod. Da die meisten mit einem erleichterten Gesicht aus dem Leben gehen, begreift sie: Der Tod ist nur ein Übergang.

Nach einigen Berufsjahren beginnt Ida eine gemeindepädagogische Ausbildung im kirchlichen Kontext der DDR, heiratet einen Theologen und bekommt mit ihm vier Kinder. Ida will beides: Berufstätigkeit und Familie. Da bleibt wenig Zeit für Persönliches. Es ist nicht immer leicht, allen Anforderungen gerecht zu werden. In einem Kreis systemkritischer Frauen tauscht sie sich über Glauben und Spiritualität aus. Dort fühlt sie sich bestärkt. Auch wenn sie ahnt, dass sie beobachtet werden, schöpft sie aus diesen Treffen Kraft, sie werden für sie zum Statement.

Dann kommt die miterrungene Wende und die damit verbundenen Gefühle von Aufbruchsstimmung und Freiheit. Erst kürzlich hat sie ihre Stasiakte beantragt, um zu erfahren, wie ihr Leben damals von der Behörde aufgezeichnet worden ist. Als Tagebuchersatz, denn damals wagte sie es nicht, Tagebuch zu schreiben, aus Angst, sich selbst zu verraten.

***

Ida gibt sich in die Familie, Gemeindearbeit und ihre berufliche Entwicklung voll hinein. Inmitten aller Aufgaben bekommt sie Herzrhythmusstörungen. Sie ahnt, dass sie so nicht mehr weitermachen kann, und fragt sich, ob es stimmig ist, wie sie lebt und was sie gibt. Ihre Überlegungen münden darin, dass sie wieder mehr in die Natur geht und sich der Kunst widmet, die so lange brachlag. Die Zeit mit der Kunst und der Natur nährt sie wieder, lässt ihre kreative Seite reifen. Sie kommt in Kontakt mit sich, mit ihrer eigenen Kraft. Immer wieder taucht sie ein in die Welt der Farben und des kühlen Nasses. Es ist wie eine Taufe in ihre eigene Identität.

Kaum ein Tag ist seither vergangen, an dem sie nicht die Tuchfühlung mit dem Wasser gesucht hat. Vor einigen Jahren hat sie beschlossen, dass sie noch einen Schritt

weiter gehen will. Ihr Herz schmerzt wieder zu dieser Zeit. Durch eine Ausbildung wird sie auf das Angebot der Visionssuche aufmerksam. Ida wählt dieses Ritual als einen Heilungsweg für sich selbst.

Als sie sich aufmacht, ist es für sie, als würde sie in einen kalten Bergsee springen, als gäbe es etwas zu überwinden, eine Schwelle zu übertreten. In dieser kostbaren Rückzugszeit von der hiesigen Welt in die zeitlose Anderswelt der Symbolsprache und Bilder wird ihr deutlich: Auch im Ritual der Visionssuche geht es um das Entkleiden, um das Nacktwerden. Sie kann sich so, wie sie geschaffen ist, dem Element Wasser

anvertrauen. So ist es auch, wenn sie schwimmt:

Dann füllt sich ihre Seele mit dem Gefühl an, mit allem verbunden zu sein. Sie lässt sich tragen, taucht ein, streift ab, reinigt sich. Sich filtern und auswaschen lassen und dem Leben neu begegnen zu können. So wie das Wasser und die Natur immer in Bewegung sind, so will auch Ida in Bewegung bleiben, die Krusten lösen, die innere Erstarrung aufweichen. Neu entdecken, was in ihr selbst steckt. Das Wasser überträgt seine Dynamik auf Ida, bis in den letzten Winkel hinein.

***

Die erste Visionssuche bringt sie an einen Ort inmitten grüner Buchen an einem stillen See. Der Platz ist ihr zugewiesen. Kein Telefon, kein Fotoapparat, kein Schreibzeug. Einen bestimmten Radius verlässt sie nicht. Nur eine Plane, Trinkwasser, ein Messer und ein Schlafsack begleiten sie.

In der Zeit des Rituals geht sie nicht in den See, sondern sucht die Heilkraft außerhalb des Wassers. Ihr Wunsch für diese Zeit ist es, eine Neuorientierung für ihr Leben zu finden und zu erspüren, wie sie sich mit ihren Gaben besser für das Gemeinwohl einbringen kann, nachdem die Kinder sie nicht mehr so stark brauchen und auch ihre berufliche Entwicklung ins Stocken gerät.

Sie wünscht sich, wieder stärker mit ihrer Intuition in Kontakt zu kommen, die ihr oft geholfen hat, ihr Leben neu auszurichten, ihre Sinne zu schärfen für das Wesentliche, den Kern ihres Lebens.

Der Ort ihrer Visionssuche ist wie ein Märchenland, in das sie sich begibt. Mücken impfen ihr ihre Botschaft ein und Frösche singen ihr die ihre zu. Sie lebt mit den Rhythmen von Quaken und Stille. Sie lässt sich von den Mücken besetzen, wie sie von den Fragen besetzt ist, die sie zur Visionssuche brachten. Der Ort lehrt sie, dass sie ein Teil dieser lebendigen Gemeinschaft ist, die miteinander kommuniziert, sie sieht und miteinbezieht. Sie fühlt sich aufgehoben, gesehen, von Gott geliebt. Sie kann dort einfach sein. Als Teil des großen Ganzen.

Die Auszeit ist ein fortwährendes Gebet. Sie spürt: Gott ist da, war vor ihr und wird nach ihr auch noch da sein. Gott, weiblich wie männlich, ist etwas Größeres als sie selbst und findet gleichzeitig auch in ihrer Person Ausdruck. Sie fragt die Natur und Gott, wo er sie zukünftig haben will in dieser Welt. Und der Gott ihrer Jugend antwortet auf ihre Gebete.

Ida lernt in der Zeit ihrer Visionssuche, dass sie ihre Vorstellungen von ihrem Leben loslassen kann und möchte. Sie kann nur annehmen, wie es bereits gelebt worden ist. Idas Herz füllt sich mit Dankbarkeit. Die Schmerzen gehen. Die Zeit am See lehrt sie, dass sie darum bitten kann, dass sich die Zukunft fügt. So wie sie schon oft in ihrem Leben erlebt hat, dass alles sich sortiert und unverhofft neue Wege beschritten werden können. Auf der Visionssuche vertraut sie sich wieder der Erfahrung an, dass sie geführt wird und sich treiben lassen kann. Dass es Zeit brauchen wird, bis sich die Veränderungen in ihrem Leben zeigen werden. Und dass das auch bedeutet, dass man die Dinge, die man nicht versteht, loslassen muss. Sie ist wieder im Fluss, in Bewegung, wie das Wasser.

Als sie zurückkommt, beginnt ein neuer Lebensabschnitt für sie. Ein neuer Job und eine neue Qualität in ihren Beziehungen ergeben sich in kürzester Zeit. Immer, wenn Ida heute ins Wasser taucht, steigen die Bilder und Gefühle dieser Erfahrung wieder in ihr hoch. Es ist wie eine Rückverbindung an die Erfahrung, gesehen zu sein, wichtig zu sein, ein Teil einer Gemeinschaft zu sein.

Ida M. ist als Familientherapeutin in der Erwachsenenbildung und außerdem künstlerisch tätig.

Andreas da Trindade

IM KREIS DER KINDER

Ich stehe inmitten von 20 singenden Kindermündern, die mit Begeisterung ein Lied schmettern. Sie singen den Frühling herbei. Dabei ist es bereits unglaublich warm und grün hier in dem alten Steinbruch irgendwo in der Pfalz.

Die Bäume stehen im neuen Laub. Fichtenpollen und Weidenflusen fliegen durch die Luft. Der Weißdorn riecht so intensiv, dass einem fast schwindelig wird. Alles ist grün. Die Sonne scheint, eine Gitarre erklingt, und Kinderstimmen singen aus voller Kehle: „Ich lieb die Bäume, die Bäume lieben mich. Im Wald mit andren toben, entdeckt man was für sich. Der Wald ist der allerschönste Spielplatz auf der Welt. Dumdi-dumdi-dumdi-dumdi…"

Sie singen es laut, nicht nur, weil genau diese Strophe einer von ihnen gedichtet hat, sondern weil sie es aus vollem Herzen so meinen. Die Kinder sind gekommen, um an diesem Donnerstagnachmittag in der „N@TourZeit" im Wald zu sein und zu entdecken, was der Frühling neu gemacht hat. Einige dieser Kinder sind nicht oft draußen, für einige ist alles Neuland. Man möchte meinen, in einem kleinen Ort in der Pfalz spielen alle Kinder noch draußen, jedoch kennen sich tatsächlich nur wenige von ihnen im Wald aus.

Heute soll es um Fichten gehen, die Bäume, die mit den Buchen zusammen rund um den alten Steinbruch stehen. Was man mit Fichten denn so alles machen könne, fragt Andreas in die Runde. Einige rufen begeistert, dass Lagerfeuerholz toll wäre. Und alle lachen. Ein Mädchen sagt, wie sie Andreas kenne, würden sie aus den Fichten bestimmt Sirup und Gelee machen! Wieder lachen alle.

Andreas erzählt, was Fichten alles können, welche Schätze in ihnen stecken. Er lässt ein paar frisch ausgetriebene Fichtenspitzen durch den Kreis gehen, die alle andächtig von Hand zu Hand geben.

Einige der Kinder kommen jeden Donnerstag, vor allem wegen Andreas. Er hat diese Gruppe ins Leben gerufen, weil er entdeckerisch mit Kindern in der Natur arbeiten wollte, nachdem er selbst draußen tiefgreifende Erfahrungen gemacht hat. Was er bewirken möchte ist, dass die Kinder die Natur erfahren und sie erlebbar für sie wird – und sie verändert.

Ein Junge, der in einer der von *villa familia,* eine Jugendhilfeeinrichtung, betreuten Familien lebt, hat solch eine Erfahrung gemacht. Genau vor einem Jahr war er das erste Mal in der Gruppe dabei. Genau vor einem Jahr hat er zum ersten Mal in seinem ganzen Leben eine Fichtenspitze in der Hand gehalten. Wie ein Vogelküken hätte er sie gehalten, sagt Andreas, ganz behutsam.

Der Junge, der als unbeschulbar galt, als sozial auffällig, als unangepasst. Niemand wollte ihn haben. Die Jugendhilfeeinrichtung nahm ihn auf. Nun ist er schon über ein Jahr bei ihnen und sie sind gewiss, dass er auf einem guten Weg ist. Dieser Junge entdeckt bei jedem Treffen der Kindergruppe in der Natur eine neue Seite des Lebens. Heute ist er nicht mehr scheu und zurückgezogen oder aggressiv. Er steht in einem Kreis mit den anderen, er gehört dazu. Er ist ein Teil dieser Gruppe. Der Donnerstagnachmittag ist sein Nachmittag. Andreas' Augen glänzen, als er mir das erzählt.

Auch Andreas hat einen besonderen Weg mit der Natur zurückgelegt. Andreas ist Christ und geht inzwischen fest davon aus, dass Gott auch durch die Natur zu ihm spricht. Er erzählt das leicht und selbstverständlich. Als gäbe es kaum eine andere Deutungsmöglichkeit, als dass Gott auch auf diese Art und Weise redet.

Doch dann beginnt er ganz vorne mit seiner Geschichte: Er ist als Teenager mit Gott in Verbindung gekommen. Seine heutige Frau nahm ihn in die Jugendgruppe einer Gemeinde mit. Dort kam ihm der Glaube nah, er wurde Christ. Die beiden heirateten, bekamen Kinder, starteten ihre Berufstätigkeit.

Andreas wurde mit einem großen deutschen Software-Unternehmen auf internationalem Parkett erfolgreich und machte Karriere. Eine intensive Zeit der Reisetätigkeit brachte ihn mit Mitte 30 an seine körperlichen Grenzen, so dass er mit Verdacht auf Hirnschlag ins Krankenhaus eingeliefert werden musste, der sich glücklicherweise

nicht bestätigte. In diese Zeit fiel auch die Verdachtsdiagnose auf Tuberkulose und der Tod eines Kindes im näheren Umfeld. Das alles zusammen warf ihn aus der Bahn, und die folgende Pause war für ihn auch eine Zäsur. Für ihn war klar, dass er Dinge ändern musste, dass er achtsamer durchs Leben gehen wollte.

Für eine Auszeit zog er sich in ein Kloster zurück. In der Stille entdeckt er an einer Klostermauer eine Pflanze, die ihn nachhaltig beeindruckt. Sie war wie ein lebendes Symbol für ihn: Stand da einfach an der steilen Mauer, trotzte Wind und Regen. Schlug ihre Wurzeln in die Spalten des Mauerwerks und lachte in die Sonne. Andreas schien es, als würde Gott sagen, er habe ihn wie diese Pflanze an den Ort gestellt, an dem er ist. Er könne vertrauen, denn er sei nicht allein und werde von Gott versorgt.

An einem anderen Tag im Kloster saß Andreas unter einer großen Buche, die ein ausladendes Wurzelwerk hatte. Fast wie in eine Höhle kuschelte er sich zwischen die Wurzeln. Der Baum zeigte ihm, wie wichtig es ist, starke Wurzeln zu haben. Andreas spürte, dass er in seinem Leben Stetigkeit brauchte und tiefe Verwurzelung. Er habe damals das Gefühl gehabt, Gott spreche durch diese Buche zu ihm und suche den direkten Kontakt, berichtet er mir. Gott wurde für ihn in einer neuen Tiefe erfahrbar, obwohl er schon lange Christ war.

Aufgrund dieser Erlebnisse veränderte er sein Leben. Er schmiss seinen erfolgreichen Job und gründete gemeinsam mit seiner Frau die Jugendhilfeeinrichtung.

***

Man kann sich Andreas sehr gut als Manager eines großen Unternehmens vorstellen. Kürzlich wurde er von seinem Steuerberater gefragt, warum um alles in der Welt er diesen lukrativen Job aufgegeben hätte. Andreas lächelt bei dieser Frage. Ja, warum haben er und seine Frau diese Einrichtung gegründet?

Kinder und deren Wohlergehen waren schon immer der Beruf und auch die Berufung seiner Frau, sagt er. Die Idee, neben den eigenen Kindern auch Pflegekinder aufzunehmen und als Familie in einer Einrichtung der Jugendhilfe zu leben, kam vor einigen Jahren dazu. Sie wollen teilen, was sie als Familie haben: Stabilität, Nähe, Geborgenheit. Das Konzept ist beeindruckend und gut durchdacht. Als wir zu Mittag essen, sitzen alle an einem Tisch. Die Haushaltshilfe hat gerade das Essen zubereitet und am Vormittag das Haus geputzt. So haben Andreas und Daniela Zeit für die pädagogischen Aufgaben in der Großfamilie.

Andreas beschreibt die Herausforderungen, die es mit sich bringt, viele Kinder unter einen Hut zu bekommen. Seine Frau und er sind keine Arbeitnehmer, die von 8 bis 17 Uhr im Dienst sind und dann nach Hause gehen. Sie sind leidenschaftlich dabei, 24 Stunden am Tag. Die Arbeit vermischt sich mit dem Leben. Sie sind kein klassischer Jugendhilfeträger. Sie teilen das ganze Leben und alle Erfahrungen mit den Kindern und den mittlerweile vielen mit *villa familia* verbundenen Familien.

Die Verbindung mit der Natur können sie hier besonders gut einbringen. Andreas hat eigens eine Ausbildung als Wildnispädagoge absolviert und ist Systemischer Berater geworden. Christliche Werte und Naturverbundenheit sind eine Herzenshaltung und schwingen überall mit.

***

Andreas' Spiritualität hat sich an der Klostermauer und an der Buche verändert. Er sagt, dass das zunächst erst einmal auch sein Engagement in der Kirche betraf. Er übernahm Leitungsverantwortung in seiner freien evangelischen Gemeinde. Er ist gern dort, bringt sich ein, gestaltet die Gottesdienste mit und möchte die Gemeinschaft nicht missen. Und dennoch fehlt ihm manchmal etwas in seiner Gemeinde. Er sucht den Tiefgang im Echten, nicht im Gemachten. Da, wo man „face to face" mit Gott ist.

In der Ausbildung als Natur- und Wildnispädagoge hat er erlebt, wie es ist, im engen Kontakt, in Beziehung mit der Schöpfung zu stehen, im Austausch zu sein und dann tatsächlich etwas zurückzubekommen oder besondere Einsichten zu erlangen. Gott ist für ihn in der Natur direkt erfahrbar. In der Predigt, im Gottesdienst der Gemeinde wird Wissen über Gott vermittelt, aber in der Natur erlebt man ihn unmittelbar, uninterpretiert und direkt. Gott offenbart draußen, was er sieht, was er liebt, wie kreativ er ist.

Natürlich kann es auch sein, dass Gott direkt durch eine Predigt zu Menschen spricht – da gibt es kein „Entweder-oder", und unterschiedliche Menschen erleben Gott auf unterschiedliche Weise. In einer Gemeinschaft entstehen immer auch Normen, an die sich die einzelnen Gemeindemitglieder halten. Man muss aber keine Norm einhalten, um Gott in der Natur zu erleben.

Die Natur ist für Andreas mehr und mehr der Ort geworden, an dem er Gott trifft. Er besucht noch immer gern gottesdienstliche Veranstaltungen. Aber wenn er Gott tiefer erleben will, dann geht Andreas in die Natur.

Wenn er davon erzählt, begegnen ihm zu seinem Bedauern von anderen Christen oft Vorbehalte oder Angst, und er betet dafür, dass sich beides versöhnt: gottesdienstliche Formen und direkte Begegnungen mit Gott in der Natur. Die Bibel ist voll von Beispielen solcher Begegnungen: Dornbüsche, die brennen, Psalmen, die plätschern, Blumen, die predigen.

Andreas glaubt, dass hinter vielen Vorbehalten möglicherweise die Angst steckt, bei einer solchen unmittelbaren Begegnung keinen Schutzmechanismus mehr zu haben, „nackt zu sein vor Gott", sich nicht mehr hinter Formen verstecken zu können. Wenn er Psalm 139 richtig versteht, so meint er, ist es aber doch genau das Ziel, sich vor Gott zeigen zu können und sein zu können, wie man ist. Das bedeutet doch Heilwerden: Wenn man in seinem natürlichsten Kontext ist, ohne die Sprache, die oft so bestimmend ist. Du im Urmoment – du bist, wie du bist. Andreas möchte anderen Christen Mut machen, sich darauf einzulassen.

Seine Kraft kommt heute nicht mehr aus dem Erfolg bei der Arbeit, sondern aus der Gottesbegegnung in der Natur, dem Rhythmus, den die Natur vorgibt, durch kleine Auszeiten. Manchmal nimmt Andreas konkrete Fragen mit hinaus und kommt mit Antworten zurück. Oft geht er aber auch einfach nur raus, um zu entspannen. Das ist auch ein Grund, warum er jeden Donnerstag die Naturzeit für die Kinder anbietet: Die Natur gleicht aus und entspannt.

***

Wie ein Bienenschwarm vor dem Ausfliegen wollen alle Kinder jetzt endlich los und Fichtenspitzen im Steinbruch sammeln. Alle möchten die kleinen grünen Triebe probieren, und nach einer kurzen Einweisung stürmen sie die Hänge hinauf und den Fichtenspitzen entgegen. Einige toben im Sand, andere spielen Fangen.

Ein Mädchen kostet die Spitzen und ruft, dass sie viel zu sauer wären. Andreas gibt ihr den Tipp, nur die kleinsten Spitzen zu nehmen. Schon ist es lecker. Eine Idee wird geboren: Die Fichtenspitzen schmecken bestimmt mit Schokolade noch besser!

Andreas da Trindade leitet gemeinsam mit seiner Frau Daniela in Carlsberg bei Grünstadt die Jugendhilfeeinrichtung *villa familia*.

Ursula
und David Seghezzi

LANG ERSEHNT UND SEHR WILLKOMMEN

Sie sitzen vor mir und singen gemeinsam ein Lied. Es ist das Lied, das ihren Sohn willkommen heißt. Es ist das Lied, das die Sehnsucht nach einem gemeinsamen Kind ausdrückt.

Es ist ein Lied, in dem alle Gefühle, die sie mit diesem Thema verbinden, zum Ausdruck kommen. Es ist das Lied, das versucht, ihre Ehrfurcht, ihren Respekt und ihre Andacht gegenüber dem gesamten Vorgang des Lebens und der Geburt auszudrücken.

„Hollerbusch und Sternenstaub
Silberfadengewirk.
Zauberstab und Adebar,
deine Seele irdisch wird / deine Reise jetzt beginnt."

Wie heißt man jemanden willkommen, der schon kugelrund sichtbar, aber noch nicht geboren ist? Wie gestaltet man die Zeit sechs Wochen vor der Geburt? Wie kann man als Paar im Geburtsprozess bestehen und sich gegenseitig unterstützen? Wie kann man sich seiner neuen Aufgaben bewusst werden, das alte Leben verabschieden und das Neue begrüßen?

Ursula und David haben sich diese Fragen gemeinsam gestellt. Sie waren schon ein paar Jahre miteinander verheiratet und ersehnten sich ein gemeinsames Kind. Zweimal schien ihr Traum in Erfüllung zu gehen. Zweimal schon haben sie ein Kind noch vor der Geburt verabschieden müssen. Jetzt, beim dritten Mal, ist die Schwangerschaft gut verlaufen. Die beiden freuen sich auf einen Jungen. Sie wollen ihn auf dieser Erde willkommen heißen.

Ursula und David haben zwar beide eine katholische Prägung, sind jedoch nicht mehr kirchlich eingebunden, und so kommt eine kirchliche Taufe nicht in Frage. Beide haben im Verlauf ihres jeweiligen Lebens eigene Denk- und Erklärungsmuster entwickelt, selbst viele unterschiedliche Rituale kreiert und geleitet. Beide haben viele Jahre im Bereich der Mythen und Märchen und der Rituale geforscht. Ihnen geht es darum, dass die tiefen menschlichen Ur-Erfahrungen, die in den Märchen unserer Kultur stecken, für die Menschen heute neu greifbar und erfahrbar werden. Ihr Ansatz ist es, dass Menschen sich im „Mythodrama" spielerisch in die Märchenfiguren hineingeben können und so für sich persönlich entdecken, welche Urerfahrung und Kraft in diesen archetypischen Figuren und Geschichten steckt. Beide leiten dazu Übergangsrituale in der Natur oder gestalten neue Jahreszeitenrituale.

Darum ist für sie klar, dass sie auch für ihr erstes gemeinsames Kind ein neues Willkommensritual kreieren wollen, in dem mythologische Symbole Eingang finden. Aber wie und wann heißt man ein Kind rituell willkommen, wenn die Geburt nicht nur als Moment, sondern als Zeitspanne von mehreren Wochen vor und nach diesem Höhepunkt angesehen wird?

David und Ursula haben sich dafür entschieden, sechs Wochen vor dem errechneten Geburtstermin, dem Eintritt in den Mutterschutz, ein Ritual zu feiern. Für sie war klar, dass sie in dieser Zeit die besondere Verbindung mit der Natur suchen,

sich an sie anbinden, wie sie sein wollen, um den Naturvorgang Geburt ganzheitlich erleben zu können. Sich hingeben und auch hergeben, damit ein neuer Mensch ins Leben kann.

***

Rituale sind ganz selbstverständlich in den Alltag der beiden eingeflochten. Sie sind tiefe, heilige Erfahrungsmomente, in denen sich die Lebensenergie verdichtet. Orte, an denen ein Innehalten möglich ist, eine Neuausrichtung, eine Korrektur oder eine Neuverbindung. Die beiden beschreiben es als ein „Sich-einschwingen“ auf eine andere seelische Dimension, die Orientierung und Führung gibt.

In dem Ritual, das Ursula und David sechs Wochen vor der Geburt feiern, spielt das Atmen eine große Rolle. Der Geburtsvorgang, das Entstehen von neuem Leben, ist

größer als sie, hält sie und bewegt sie. Sie vertrauen sich dem Strom des Lebens an, dem großer Atemstrom, der weht, wie er will.

Ursula verkörpert im Ritual die Kraft und Leichtigkeit eines Bussards. Sie hatte zuvor im Wald Federn gesammelt und sich daraus ein Gewand genäht, das sie in dem Ritual anzieht. Die Federn wehen im Wind und vermitteln ihr durch diese Bewegung einen neuen Zugang zu den „Wehen": Der Atemstrom des Lebens weht über und durch sie als Gebärende. Für sie wird so erfahrbar: Der Geburtsvorgang geht von einer größeren Kraft aus.

Dieses Ritual vor der Geburt ist auch für David ein wichtiger Schritt, um zu erkennen, welche Rolle er hat. Seine Rolle ist, die Geburt bestmöglich zu unterstützen, im körperlichen Kontakt mit Ursula ganz da zu sein und seiner Frau gute Worte zusprechen zu können, wenn sie es selbst nicht mehr kann. Im Ritual verkörpert er einen Hirsch, ein kraftvolles und starkes Tier. Sie bewegen sich als diese beiden Tierformen. Mit seiner Kraft möchte er Ursula zur Seite stehen. Sie werden sich aber auch bewusst, dass sie bei der Geburt nicht die Führung haben werden, dass die Geburt eine Reise mit ungewissem Ausgang ist – so gut sie sich auch vorbereitet haben. Dies wird den beiden durch das Ritual noch bewusster, auch wenn sie die Leichtigkeit, den Atem und die Kraft eingeladen haben.

***

Dann kommt der Tag der Geburt. Am Anfang sind sie beide entspannt, geben sich ganz hinein in den Prozess für das Kind. Die Hebamme beobachtet das Geschehen. Sie war beim Geburtsritual dabei und weiß, welchen Stellenwert es für Ursula und David hat.

Die Geburt dauert länger als gedacht. Nach zwölf Stunden ist ein kritischer Punkt erreicht, die Hebamme muss entscheiden, ob es doch noch ins Krankenhaus geht oder nicht. David merkt, dass seine Frau noch mehr Unterstützung von ihm braucht. Er geht mit ihr zu einer alten Eiche, spielt für sie Klavier, schenkt ihr immer wieder ermutigende und bestätigende Sätze, die sie vorher gemeinsam ausgesucht haben. Die Angst und die Sorge werden kleiner, sie entspannen sich und es kann weitergehen.

Die Hebamme trifft die Entscheidung, die Geburt bei Ursula und David zu Hause fortzusetzen. Nach 23 Stunden ist es endlich soweit: Mitten in ihrem Wohnzimmer wird Mio Janosch Florin geboren.

Schnell wird deutlich, warum sie schon in dem vorbereitenden Ritual das Gefühl hatten, dass dem Thema Atem so eine große Wichtigkeit zukam, denn die Nabelschnur ist um Arm und Hals des Kindes gewickelt. Die Hebamme löst sie schnell; das Kind ist in Ordnung, wenn auch etwas angeschlagen. „Der Junge braucht jetzt eure Ansprache", sagt die Hebamme.

Auch wenn alle sehr erschöpft sind, nehmen sie das Kind in die Arme und singen das Lied, das sie für ihn seit Monaten singen. Sofort ist der kleine Junge beruhigt und ganz da und kommt im Leben an. Sie haben es geschafft.

***

Beide sind überzeugt, dass diese Anbindung an die Natur, das Ritual, die Formen, die sie versucht haben zu finden, das Sich-hineinfühlen sie durch den langen und schweren Geburtsprozess getragen haben. Sie wissen nicht, ob sie sonst die Kraft für diese Anstrengung gehabt hätten. Die rituelle Dimension hat Vertrauen geschaffen, Kraft für ihre Seelen und ihre Herzen gespendet. Auch im Nachhinein können sie sich nicht vorstellen, eine Geburt ohne Ritualbegleitung außerhalb des eigenen Hauses zu erleben. Sie schätzen die Leistungen und Möglichkeiten der Medizin, aber in einem Krankenhaus wäre der rituelle Raum so nicht möglich gewesen. Beide sind sich darüber einig, dass trotz allem wohl ihr Kind den größten Übergang geleistet hat.

Wir stehen draußen unter der alten Eiche, unter der Ursula und David so lange darum gebetet hatten, dass sie ein Kind bekommen mögen. Unter dem Baum haben sie gefeiert, als der Schwangerschaftstest positiv war. Unter diesem Baum stehen die beiden heute, schauen überglücklich ihr Kind an und vergessen, dass ich dabei bin und ein paar Bilder mache. Es ist schön, die drei miteinander zu erleben.

Ursula und David Seghezzi leben im Wendland und leiten dort das uma institut. Sie bieten Seminare und Ausbildungen an und verbinden in ihren mythodramatisch gestalteten Naturritualen konkrete Naturerfahrung, Mythologie und Spiritualität.

David Eißler

DU KANNST FLIEGEN

Es ist unwahrscheinlich, dass der Vogel auf die Hand geht. Noch unwahrscheinlicher ist, dass er ruhig auf der Hand bleibt. Und fast unmöglich ist es, zu diesem wilden Tier eine Beziehung aufzubauen.

Doch der Rotmilan sitzt ganz entspannt auf dem Lederhandschuh. Guckt in die Sonne, blinzelt. Flattert, als es eine kleine Belohnung für so viel Ruhe gibt, und setzt sich entspannt wieder auf die Hand. Die beiden stehen auf der Wiese, dann gehen sie miteinander ein Stück. Sie reden. Der Vogel plustert sich ein bisschen auf. Das Wetter ist sommerlich warm. Alles blüht, alles ist in voller Pracht. Der Himmel ist blau und der Vogel und der Mensch harmonieren.

Der Rotmilan dreht den Kopf und schaut David direkt in die Augen. Sein Blick ist stechend und auch neugierig. Sie kommunizieren miteinander. Was sie sagen, kann ich nicht hören. Aber zwischen den beiden entsteht ein Dialog. Eine stumme Übereinkunft, dass die nächste Stunde ihnen beiden gehört, sie sich aneinander gewöhnen werden und einander vertrauen. Man merkt, dass beide voreinander Respekt haben. Wer ist dieser Vogel?, fragt der Mensch. Und: Wer ist dieser Mensch?, fragt der Vogel.

David ist heute ein Mann Mitte 30 und seine Geschichte der großen Veränderung begann, als er merkte, dass alles, was er einmal über das Leben, das Sein, die Welt, den Glauben, über Gott, über Gefühle und Körperlichkeit gelernt hat, plötzlich für ihn nicht mehr stimmig war. Er spürte: Ich kann nicht mehr so leben, wie ich es bisher getan habe.

An dem Tag sitzt er auf der Bettkante in seinem Studentenzimmer und weiß nicht mehr weiter. Er will leben, anders leben, aber er weiß in dem Moment nicht, wie er es gestalten kann. David weint, denn er spürt, dass alles, woran er bisher geglaubt hat, sich auflöst. Er fühlt sich in seinem Leben gefangen und fremd, als wäre es nicht sein Leben. Aufgewühlt sitzt er auf seinem Bett und spürt, dass das Gerüst seines Lebens angefangen hat ihn zu zerstören. Die Verzweiflung und die Angst zerren an ihm, und noch weiß er nicht, wie Veränderung geschehen kann. Er weiß nur, dass er seinen eigenen Weg finden muss, um wieder leben zu können. Und er spürt, dass alles sich verändern wird. Wie, das weiß er nicht.

An diesem traurigen Werktag ahnte er viel mehr, als dass er weiß, dass seine Sehnsucht, er selbst sein zu können, sein Leben für immer verändern wird.

David erzählt, dass er jahrelang das Gefühl hatte, gegen sich selbst zu kämpfen, indem er seinen wachsenden Widerstand gegen die Welt unterdrückt, in der er groß geworden war. Er passte sich an die Strukturen und Meinungen an und versuchte sein eigenes Denken und seine Fragen auszublenden.

Doch auf der Bettkante im Studentenwohnheim packen ihn die Fragen und Zweifel mit voller Wucht. Er beginnt zu erkennen, dass sich sein Gespür für das eigene Erleben, die eigenen Gefühle, das eigene Handeln völlig aufgelöst hatte und dass er vielleicht anders leben und glauben will, als er es bisher tat. Eine Welle von Selbstverurteilung und Selbsthass überrollt ihn. Es dauert viele Monate, bis er überhaupt in der Lage ist auszusprechen, was in ihm vorgeht. Auf der Bettkante seines Zimmers kann er diesen Widerspruch in sich nicht mehr halten und kapituliert. Damit ist der erste Schritt gemacht: dem Zerbruch, der Verzweiflung und der Angst entsprang die Sehnsucht nach Veränderung. An diesem Tag auf der Bettkante beginnt für David eine Reise ins Unbekannte. Eine Transformation, die er heute mit großer Dankbarkeit sehen kann.

David fängt mit Hilfe eines Therapeuten und mit vielen weiteren guten Gesprächspartnern an, sein Leben anzuschauen, zu prüfen, zu hinterfragen. In Gesprächen, mit Zeit zum Nachdenken und mit Spaziergängen. Er analysiert präzise, was in ihm vorgeht. Er prüft alte Glaubenssätze und Ideen, verwirft sie oder deutet sie für sich neu. Manche bleiben in seinem Leben, weil er Schätze in ihnen entdeckt. Die kopflastigen Ideale, engen Vorstellungen und religiösen Muster, die in seiner Kindheit und Jugend in ihm Fuß gefasst hatten, werden von ihm auf Herz und Nieren geprüft. Gleichzeitig spürt er, dass er die Fragen nicht allein durch Nachdenken lösen kann. Er möchte sie durchleben. Gleichzeitig hat er Angst, etwas falsch zu machen, Angst davor, dass das eigene Denken falsch ist, dass der gewählte Weg falsch sein könnte, Angst vor der Ablehnung durch sein Umfeld, Angst, etwas zu verlieren.

Mit diesen kopflastigen Wegen will er brechen, aber nicht mit Gott. Auch wenn er noch immer Angst vor diesem übermächtigen Gott seiner Jugend hat. Etwas in ihm ahnt: *Da ist etwas, was ich nicht verlieren will, auch wenn sich mein ganzes Leben und meine Theologie auf den Kopf stellen.* Und er beginnt, um seine eigene Wahrheit zu ringen.

Vieles bewegt sich, einiges wird heil. Am Ende seines verlängerten Studiums fasst David den Entschluss, das Umfeld zu verlassen, in dem er damals lebte. Sprichwörtlich lässt er das Alte hinter sich. Er zieht nach dem Studium in eine andere Stadt, beginnt eine Arbeit, bestellt ein Feld, schließt neue Freundschaften. Sein Leben fühlt sich leichter an, hier kann er seine Fragen vertieft stellen, Zweifeln auf den Grund gehen, sich einen neuen Alltag einrichten. Er findet ein neues Umfeld und Freundschaften, in denen er aufblüht und beginnt, seinen eigenen Gefühlen wieder zu vertrauen. Und er erlaubt sich zum ersten Mal, sich wirklich zu verlieben.

Aus dem neuen Umfeld kommt der Impuls, eine längere Zeit in der Natur zu verbringen, und an einer Visionssuche für Männer teilzunehmen. David vertraut diesem Freund, der ihn ermutigt, und lässt sich auf das Abenteuer ein.

Während David mir das erzählt, lacht er und sagt, wenn er gewusst hätte, was ihn erwartet, wäre er wohl nicht zur Visionssuche gefahren. Zu ängstlich und skeptisch sei er damals noch gewesen, was so etwas mit ihm, seinem Glauben und seinem Leben machen könnte. Doch der Impuls des Freundes reichte, um sich anzumelden und nach Schweden zu fahren. Ihn treibt die Sehnsucht an, das Eigene zu finden, einen

Raum zu haben für die Auseinandersetzung mit sich selbst, um letztlich frei und unabhängig zu sein.

In der Zeit vor der Visionssuche spricht David nur ein Gebet: „Gott, sag mir, wer ich bin." David will wissen, erfahren, mit dem Herzen fassen, wer er selbst ist. Fernab von Großfamilie, Gruppe, Arbeitsgemeinschaft, Gemeinde, Arbeitskollegen und Partnerschaft. Wer ist er, wenn er sich in aller Empathie abgrenzen kann, sich nicht verliert, sich selbst wahrnimmt, die eigenen Bedürfnisse respektiert, sich kritisch hinterfragen kann, ohne aus den Angeln gehoben zu werden? Wer ist er selbst, wenn er sich nicht bis zur Unkenntlichkeit anpasst? Welches sind wirklich seine Meinungen? David will erfahren, dass er einen eigenen Platz in dieser Welt hat, sich selbst und seinen Bedürfnissen verpflichtet ist und sich dafür nicht entschuldigen muss.

***

In den zwölf Tagen in Schweden um Mittsommer wird David mit all seiner Angst konfrontiert und erlebt, dass er es aushalten und überleben kann. Die Erfahrung, dass er das Alleinsein in der Natur durchstehen kann, stärkt sein Zutrauen zu sich selbst, stärkt sein Selbstbild. Er begegnet Schlangen und Wildschweinen. Die Begegnung mit fremder Wildheit, der Unkontrollierbarkeit der Natur, löst bei ihm zunächst Gefühle von Verlorenheit, Angst und Einsamkeit aus. Doch nach und nach gewöhnt er sich an den Gedanken, im Wohnzimmer der Tiere mitzuwohnen, und wird von ihnen akzeptiert. Er erlebt, wie die Tiere zu ihm kommen, ihn als Teil von allem sehen. Dass sie keine Gefahr für ihn sind. Er darf sein. Wird respektiert, gehört dazu. Das Gefühl sinkt in ihn ein, willkommen zu sein, Teil vom Ganzen, Teil der Wald-WG, der Natur, des Universums zu sein.

Der Platz, den er sich ausgesucht hat, ist nicht zu weit weg von der Zivilisation, aber dennoch sehr geschützt. Er sagt lachend, dass er heute vor allem einen schöneren Ort aussuchen würde, was er sich damals aber noch nicht zugestehen konnte. Er dachte damals, dass der ausgewählte Flecken Erde ihn herausfordern soll. Er schwankt zwischen dem Bedürfnis nach dem, was er richtig findet, und seiner Angst, und macht dennoch die Erfahrung, dass es einen Platz für ihn gibt und er ihn einnehmen darf.

Für den damaligen Moment ist er genau am richtigen Ort. Dieses Erlebnis allein in der Natur gibt ihm ein großes Selbstbewusstsein. Er kann sich der Wildnis anvertrauen. Wie die Bäume, an die er sich lehnt, ist er ein Teil vom Ganzen, wächst er und vergeht. Mit seiner ganzen Geschichte kommt David zurück aus seiner heiligen Auszeit.

Vor der Visionssuche war da immer noch die Angst vor dem mächtigen und unnahbaren, richtenden Gottesbild seiner Jugend. Er hatte Angst davor gehabt, möglicherweise seinen Glauben zu verlieren, wenn er zu genau hinschaut; dass er am Ende mit Gott nichts mehr zu tun haben will. Manches war auf der Visionssuche auch zunächst fremd, weil vertraute Rituale oder Formen fehlten oder anders aussahen. Doch die Zeit im Wald befreit David von vielen alten Dogmen. Langsam findet er aus dem Rotieren der Gedanken in eine Hingabe an den Moment und die Erfahrung. Weg von einem fernen Gott, der der Erde gegenübersteht und diese bewertet und ablehnt, hin zu einem Gott, der Schöpfer ist und gleichzeitig nicht von der Schöpfung zu trennen, eng verbunden mit allem, was lebt. David erkennt, dass man diesem Gott in der Natur begegnen kann. Er erlebt, dass der Mensch David ein Teil der Schöpfung ist, ins Leben geliebt wurde und durch eine positive Absicht, durch Liebe, eine kreative Kraft eines Schöpfers, leben darf.

Sein Gottesbild setzt sich neu zusammen. Er verliert die Angst vor Gott, sieht in ihm nun umfassende Liebe und traut sich, Gott in Bildern oder Namen zu entdecken. Es ist, als wären aus dem Schrank der Einteilung in Richtig und Falsch nun alle Schubladen herausgezogen worden.

Erst hatte er befürchtet, er verliere damit alles, doch heute sagt er, er hat mit dem Rausziehen der Schubladen viel gewonnen. Er hat Schätze aus dem früheren Glauben bergen können und einen anderen Gott kennengelernt. Er hat vor allem aufgehört, Gott zu reduzieren, ihn auf bestimmte Bilder oder Vorstellungen zu beschränken. Für ihn ist Gott größer geworden, allumfassender, allgegenwärtiger, innewohnender.

Sein liebster Gottesname ist zur Zeit: Liebevolle Gegenwart. Dafür ist er dankbar, denn früher war Gott für ihn eine Person, gleichgesetzt mit jeder geistlichen Autorität seiner Kindheit und Jugend. Heute braucht er es für seine eigene Sicherheit nicht mehr, Gott auf bestimmte Bilder zu reduzieren. Seine Vorstellungen von Gott sind vielfältiger und angstfrei geworden. Heute begegnet er Gott auch in Tieren, in der Schöpfung als eine Energie, eine Kraft die in uns allen wohnt.

Er fühlt sich jetzt frei, sich mit unterschiedlichen Arten von Spiritualität auseinanderzusetzen und das für ihn Stimmige zu suchen. Er wagt sich an große Fragen heran. Eine spannende innere Reise beginnt, auf der er viele Meinungen und Menschen mit ähnlichen Erfahrungen kennenlernt. Er erlebt, dass die Natur für ihn nicht mehr Mittel zum Zweck ist, sondern dass er sie viel bewusster wahrnehmen kann als früher. Sich auf den Rhythmus der Jahreszeiten einlassen, auf das Licht, das Werden und Vergehen.

***

In einem fortwährenden Prozess beschließt David einige Jahre später noch einmal, eine Zeit in der Natur zu verbringen, um sich bei einer Initiationsveranstaltung für Männer vertiefend mit seinem Wesen, seinem Mannsein und seinem Weg auseinanderzusetzen. Hier ändert sich seine Beziehung zu Gott noch einmal. Der angstmachende, bedrohliche Gott seiner Kindheit, der fern der Welt wirkt, den Menschen gegenüber mächtig und beurteilend scheint, wird für ihn zu einem Gott der Verbundenheit. David erlebt im Wald, dass alles mit allem zusammenhängt und dass Gott auch ein Gott der Verbundenheit sein muss. Ein Gott der Beziehungen, der die Verbindung zu seiner ganzen Schöpfung sucht und hält. Davids Lieblingsbegriff dafür ist das südafrikanische Wort für die allumfassende Verbundenheit zwischen allen Wesen: „Ubuntu – ich bin, weil du bist“.

Er lächelt mich an und sagt: „Das ist auch der Grund, weshalb jetzt ein Milan auf meiner Hand sitzt.“

Der Milan flattert, er fühlt sich direkt angesprochen. Er breitet die Flügel aus, streckt sich, scheißt einmal kräftig und guckt uns dann etwas fragend an. Wir machen noch ein paar Aufnahmen, ehe wir durch den Wald zurückgehen und den Vogel in seiner Voliere absetzen und belohnen.

In einigen Naturritualen ist David der Milan begegnet. Es ist eine Beziehung zu diesem Tier entstanden. Er brauchte eine Weile, um für sich die Bedeutung zu entschlüsseln, die der Vogel für ihn hat. In David entsteht ein Bild, er setzt viele kleine

Puzzleteilchen zusammen, die in seinem Leben dazu wichtig waren. Auch schon in der Visionssuche war das Thema Fliegen als Symbol für Freiheit und Selbstbestimmtheit für ihn wichtig. Frei sein und doch getragen. Wie ein Greifvogel gar nicht viel machen müssen, sondern Wind und Thermik nutzen, um in die Höhe zu kommen. Steuern lernen und überall hinzukommen, wo man sein möchte.

David spürt diese Kraft bei sich. Frei sein und getragen sein. Aufsteigen können und fliegen können. Sich einen Raum erobern, der vorher nicht möglich war. Als würde der Vogel zu ihm sagen: „Du bist wie ich. Du bist frei. Du bist getragen. Du kannst fliegen, wohin dich deine Flügel tragen. Du kannst weiter sehen. Du kannst es. Weite deinen Blick, geh über deinen Horizont hinaus."

Und David lächelt, denn das ist in seinem Leben Wirklichkeit geworden. Die Angst hat keine Macht mehr über ihn. David winkt dem Milan in der Voliere zu, der Milan schreit laut. Die beiden schauen sich an. Die besondere Beziehung wird für Außenstehende wohl immer ein Geheimnis bleiben.

David Eißler lebt in Essen im Ruhrgebiet und arbeitet als Berater und Konzepter in einer Agentur für Positionierungsdesign.

bine Schindler

NACKT IN DEN BRENN-NESSELN

Wir stehen in einem wilden Garten. Überall blüht, summt und brummt es. Wild-, Nutz- und Zierpflanzen stehen bunt gemischt.

In bines Haus türmen sich Kräutererzeugnisse aus Wald und Garten. Sie ist sehr verbunden mit den Pflanzen, kennt nicht nur die Namen, sondern auch Geschichten. Doch so richtig zum Geschichtenerzählen kommen wir zunächst nicht, denn entweder ist es der Hund oder die Katzen, die um unsere Aufmerksamkeit buhlen.

Später sitzen wir bei Obstsalat im Garten und lassen uns von der Sonne bescheinen, als bine ihre eigene Geschichte erzählt:

Als bine geboren wird, liegen große Teile von Frankfurt am Main noch in Schutt und Asche. Es vergehen noch viele Jahre, ehe wieder ein vollständiges Stadtbild entsteht. bine wächst in einer Reihenhaussiedlung am Rande der Stadt auf. Mit fünf Geschwistern ist es in dem kleinen Häuschen recht eng. Das Mädchen ist, wenn nicht mit der Schule oder der Unterstützung der Mutter im Alltag beschäftigt, so oft es geht draußen, streift durch die Felder der Vororte und beobachtet die Tiere der Umgebung.

Ein frühes Erlebnis mit der Natur ist, dass die Mutter und der ältere Bruder einen wilden Hamster im Garten fangen. Dieser bekommt in Gefangenschaft neun Junge. Die Ferienzeit steht kurz bevor, doch statt den Hamster mitsamt der Jungen während der Urlaubszeit wieder in die Freiheit zu entlassen, geben die Eltern das Tier in den Zoo. Die Kinder sehen es nie wieder. bine hat dieses Erlebnis sehr traurig gemacht und nachhaltig geprägt, und heute ist sie der Ansicht, dass man keinem Tier, insbesondere wilden Tieren, die Freiheit nehmen sollte. Es ist ihr heute sogar zuwider, ihren Hund anbinden zu müssen, wenn auch nur mit sehr langer Laufleine. Für sie ist die Natur etwas, das man nicht benutzt, sondern beobachtet und genießt. Man kann sich von ihr beschenken lassen und sich mit ihr harmonisieren. Die Natur ist ein Ort, in den man eintaucht und in dem man nichts selbstverständlich nimmt.

Nach ihrem Studium zur Förderschullehrerin besucht sie Weiterbildungen unterschiedlichster Art. Als sie sich als Gestalttherapeutin ausbilden lässt, lernt sie verschiedenste Naturrituale und das Medizinrad aus der Tradition des nordamerikanischen Bear Tribe kennen, was für sie große Bedeutung bekommen wird. Das Medizinrad, eine Erklärungshilfe für die wiederkehrenden Abläufe des Lebens, nimmt in ihrem Leben viel Raum ein und hält auch in ihrem Alltag Einzug.

Ihre Neugier lässt sie unterschiedlichste Rituale ausprobieren, unter anderem auch bei peruanischen Indianern im Dschungel. Als sie von dem Ritual der Visionssuche erfährt, beschließt sie, an einem solchen in Deutschland teilzunehmen. Sie ist fasziniert von dem Gedanken, länger als einen Tag und ganz allein in der Natur zu sein, sich nicht ablenken zu können, sich auf sich selbst zu besinnen und dem Erleben in der Natur Raum zu geben.

***

bine wünscht sich während ihrer Visionssuche, das Thema „Abhängigkeit“ bearbeiten zu können. So ist für sie die Vorbereitung auf die drei Tage und drei Nächte Auszeit genauso wichtig wie die Auszeit selbst. Sie erkennt dabei viele Facetten von Abhängigkeiten in der Natur. bine sagt heute, ihr habe die emotionale Zuwendung der Mutter gefehlt und sie habe sich zu Hause immer wie eine Bedienstete gefühlt. Trotz des Lobes, das sie bekam, fehlte ihr die echte Aufmerksamkeit, die jedes Kind braucht.

Ein Symbol für Abhängigkeit in engen Beziehungen wird für sie ein Efeu, der einen Baum fest umschlungen hält und droht, ihn zu ersticken. Im festen Glauben daran, dass Rituale kraftvoll wirken, schneidet sie stundenlang den Efeu nahe der Wurzel ab und erlebt dies wie eine sehr anstrengende, symbolische Befreiungsarbeit. Als sie ein Jahr später an die gleiche Stelle zurückkehrt, hat sich der Baum erholt, der Efeu ist wundersamerweise verdorrt.

In die Auszeit der Visionssuche geht sie recht entspannt hinein. Als sie einen Platz für ihr Lager sucht, stellt sie fest, dass es noch viel mehr Themen zu bearbeiten gibt. Ihr wird zum ersten Mal deutlich, wie sehr sie sich vor der Dunkelheit und vor Regen fürchtet. In ihr tauchen Bilder aus ihrer Kindheit auf, in denen sie in einem Keller eingesperrt ist und die Dunkelheit aushalten muss.

Sie sucht sich einen Platz im Westen, an dem sie am Abend das Tageslicht lange sehen kann. bine setzt sich selbst die Aufgabe, in ihrer Auszeit den Platz, an dem sie ist, physisch und mental ganz einzunehmen und sich nicht davon abhängig zu machen, ob es Tag oder Nacht ist oder Menschen in der Nähe sind. Sie liebt es, nackt zu sein. Ihr Wunsch war, die Auszeit zeitweise auch nackt verbringen zu können, sich vor der Natur ohne Schutzhüllen zeigen zu können. Es ist Erntezeit und Bauern und Traktoren sind ständig präsent. Es ist in den drei Tagen und drei Nächten auch eine Übung für sie, sich von der Angst zu befreien, jemand könnte sie in dem einsamen Wald entdecken.

Sie erdenkt ein Dankbarkeitsritual, bei dem sie sich an jedem Morgen in die Morgensonne stellt, sich nackt auszieht und wäscht. So, wie sie sich äußerlich entkleidet, entledigt sie sich auch ihrer Angst vor der Dunkelheit, legt die Nacht ab. Es tut ihr gut, diese drei Tage und drei Nächte nur dafür zu haben, denn es gibt nichts weiter zu tun. Der Wald gehört ihr für diese Zeit ganz allein. Sie erlebt: Sie braucht sich nicht zu fürchten. Die Brennnesselblätter und -samen, die bine sonst gern für Tees und Salate sammelt, sind während der Visionssuche ein guter Schutzwall. Die Brennnessel wächst um bines Lager herum. Rehe suchen in den Pflanzen Schutz und Schlafplatz, so wie bine sich einen Schlafplatz dort erwählte. Sie hat bereits seit Jahren eine intensive Beziehung zur Brennnessel. Diese erscheint ihr wie ein Spiegel ihrer selbst: die Pflanze hat sehr viel Energie,

wächst an den unwirtlichsten Stellen und lässt sich nicht unterkriegen. Die Brennnessel ist ihr unter all den Wildpflanzen noch immer die liebste.

***

Natürlich kennt bine nicht nur die Kräuter für die Frankfurter Grüne Soße aus ihrer Heimat, sondern hat sich einen Sport daraus gemacht, andere Wildpflanzen zu bestimmen und auf ihre Essbarkeit zu untersuchen. Sie stellt außerdem gerne Cremes oder Shampoo aus ihnen her. In diesem Jahr haben es ihr die Blüten angetan, die ich auch heute auf dem Obstsalat wiederfinde.

Als wir später losgehen, um Fotos zu machen, ist eine der ersten Ideen, bine nackt in ein Brennnesselfeld zu stellen. Tatsächlich machen wir genau diese Bilder. Sie sieht glücklich aus – frei. So, wie das Leben ihr gedient hat, hat sie dem Leben gedient.

Als ich die Frage stelle, woran bine glaubt und was sie am Leben hält, sagt sie, dass es der Glaube an das Gute und an die Liebe ist. Und dass beides in jedem Wesen steckt. Das macht das Leben lebenswert, denn es bedeutet, dass jeder Mensch, so wie er ist, genau richtig ist. Mit diesem Blick auf die Menschen erhascht man einen Blick auf das Lebendige selbst und erkennt, dass es eine Verflechtung zwischen allen Lebewesen gibt. In bines Augen ist das Schönste im Leben die unglaubliche Vielfalt der Lebewesen und deren Verbundenheit untereinander. Das erlebt sie nicht nur im Förderschulalltag oder Garten. Für bine gehört zu jedem Glauben auch der Zweifel, denn warum es Leid auf der Welt gibt, erschließt sich ihr bis heute nicht.

bine Schindler ist Förderschullehrerin in Wetzlar. Sie lebt in einem kleinen Ort in der Nähe mit Mann und Hund und einem Rudel neugieriger Katzen. Wenn sie nicht gerade Unterricht gestaltet, geht sie gerne raus in die Natur.

Ernst-Michael Dietze

AUFBRUCH IM WOHNMOBIL

Mit Brötchen unterm Arm laufe ich zum Deutschen Eck, dem Ort, wo die Mosel auf den Rhein trifft. Auf dem Campingplatz am Moselbogen bin ich mit Ernst-Michael verabredet.

Es ist früh am Morgen, ich gehe an einer Nussbaumallee entlang. Am anderen Moselufer sehe ich den Wein blühen. Es ist wunderbar romantisch, wie der Frühnebel sich lichtet. Hinter mir klingelt ein Radfahrer, ich drehe mich um und erblicke meinen Interviewpartner munter und frisch hinter mir.

Ernst-Michael steigt vom Rad und umarmt mich herzlich. Er nimmt mir meine Brötchen ab, und wir schlendern zusammen zum hintersten Winkel des Campingplatzes, entlang an den Dauercampern und Urlaubern, zu seinem Wohnmobil. Noch ist es diesig und grau, bald wird die Sonne scheinen. Wir decken den Frühstückstisch. Marmelade, Käse, Schokolade, Erdbeeren, Honig und Brötchen stehen bereit. Der Duft von griechischem Bergtee zieht durch das Wohnmobil. Es ist klein, sehr gemütlich und gleichzeitig komfortabel. Auf dem Tisch liegen ein Kinderbild, eine Feder, Stücke von Baumrinde, eine Kerze. Wir reichen uns die Hände, schweigen einen Moment in Dankbarkeit und dann frühstücken wir ausgiebig. Währenddessen lichtet sich das Grau draußen und die Sonne beginnt zu scheinen. Ich ahne, dass ich mit einem Sonnenbrand heimkommen werde.

Ernst-Michael lacht viel. Und oft glitzern die Tränen der Freude und der Rührung in seinen von Fältchen gerahmten Augen.

Sein schönes Gesicht strahlt so viel Liebe und Wärme aus. Und viel Erfahrung. Seit fast drei Jahren ist er nun im Wohnmobil unterwegs. Mit seinen knapp 80 Jahren will er noch einmal wissen, warum er auf der Welt ist, insbesondere für den letzten Abschnitt seines Lebens. Er will wissen, wie er der Welt dienen kann, was er der Welt schenken kann.

Ernst-Michael schaut zurück auf sein Leben. Das Reisen ist nur eine Phase, um sich zu sortieren. Angefangen hatte es, als er alte Briefe seines Großvaters aus der Zeit vor 1945 las. Er erfuhr, wie sein Großvater im Bombenhagel in Dresden überlebte, lernte mehr Details aus seinem Leben kennen. Ernst-Michael hatte sich nicht um die Familiengeschichte geschert. Die berühmte Familie Ernst Rietschel, der er entstammt, hing lange Zeit wie ein Schatten über ihm. Der Ruhm lastete wie ein Druck auf ihm, ebenfalls berühmt werden zu müssen, es stand wie eine unausgesprochene Forderung seiner Mutter immer im Raum. Als junger Mann entschloss sich Ernst-Michael dazu, seine Geschichte zu ignorieren und einen eigenen Weg zu gehen. Die Briefe eröffneten ihm zum ersten Mal einen Zugang zu seiner Herkunft.

Er kauft ein Wohnmobil und macht sich in Richtung Dresden auf Wurzelsuche. Als Erstes fährt er direkt an das Grab seines Großvaters, setzt sich dort hin und beginnt ein Zwiegespräch. Er setzt sich mit der Familie und ihrer Geschichte auseinander. Die gefühlte Verpflichtung löst sich von ihm. Er fühlt sich zum ersten Mal wirklich frei, seinen eigenen Weg zu gehen. Es ist, als würde er Unterstützung von seinen Ahnen bekommen, die ihm zuflüstern: Es ist in Ordnung, wie du bist. Und deswegen bleibt Ernst-Michael weiter mobil. Er will noch mehr erfahren über seine Herkunft. Gleichzeitig ahnt er, dass diese Reise auch eine Überprüfung seines bisher gelebten Lebens ist.

Er zeigt auf das Kinderbild, und dann auf sich. Dieses Foto zeigt den fünfjährigen Ernst-Michael. Ihm ist dieses Bild eine Erinnerung daran, dass er nicht nur seine Vergangenheit, sondern auch die kindlichen Anteile in sich selbst wichtig und ernst nehmen soll. Das Kind auf dem Bild schaut zurückhaltend und schüchtern. Für Ernst-Michael ist dieser Blick auch eine Erinnerung daran, dass es in ihm sowohl einen schüchternen wie auch einen unternehmungslustigen Anteil gibt. Wahrscheinlich ist das auch der Grund gewesen, warum er als junger Mann aus der DDR geflohen ist. Er hatte schon damals oft das Gefühl, dass er beide Seiten unterdrücken, sich mehr anpassen muss, als es seiner Persönlichkeit gut getan hätte.

Ernst-Michael wurde als zweiter Sohn eines Pfarrers und einer Rietschel-Tochter 1938 in Dresden geboren. Er erzählt, wie er im Erzgebirge aufwuchs, die Natur lieben lernte. Wie er sein Abitur in Halle ablegte und sich schließlich an einem Sommertag kurz nach dem Abitur mit einem kleinen Rucksack und einem Fahrrad auf dem

Bahnhof seiner geliebten Stadt Halle an der Saale wiederfindet. Das Ticket nach Schwerin in der Tasche, den Plan, in Berlin auszusteigen und die Hauptstadt nicht mehr zu verlassen. Ein hübscher unauffälliger junger Mann, der weiß, dass er Republikflucht begeht. Der weiß, dass eine Rückkehr ausgeschlossen ist. Der weiß, dass er sein bisheriges Leben hinter sich lassen wird. Der ahnt, dass die Teilung Deutschlands weiter voranschreiten wird. Ein junger Mann, der weiß: *Wenn ich bleibe, dann wird etwas in mir sterben*. Er gibt seinem Bedürfnis nach Freiheit nach, von der er ahnt, dass er sie in der DDR nicht haben kann. Die Taschen leer von verräterischen Erinnerungsstücken, das Herz voll Sehnsucht danach, zu studieren, sich zu bilden, Architekt zu werden.

Heute hat Ernst-Michael das Gefühl, dass er dadurch sein Leben gerettet hat. Gemerkt hat er das vor allem beim 50. Abiturtreffen. Einige Geschichten, die er dort hört, erinnerten ihn daran, dass er ein anderer Mensch geworden wäre, wäre er geblieben. Er war seinen Brüdern in den Westen gefolgt. Ein Jahr später folgen auch seine Eltern. Sein erster großer Lebensumbruch ist vollzogen.

***

Ernst-Michael studiert Architektur, heiratet, bekommt mit seiner Frau Kinder, wechselt in den verbeamteten Lehrerberuf an einer Berufsschule und wird stellvertretender Schulleiter. Die glückliche und turbulente Zeit findet ein jähes Ende, als seine Frau mit 49 Jahren an Krebs stirbt.

Zum zweiten Mal stellt sich sein Leben auf den Kopf. Die Erkenntnis, dass das Leben plötzlich zu Ende sein kann, dass jede Sekunde wertvoll ist und dass am Ende zählt, wie sehr man geliebt hat, lassen seine beruflichen Ambitionen verschwindend klein werden und die Entscheidung reifen, nur noch das zu machen, was ihm Freude bereitet. Zum zweiten Mal in seinem Leben entscheidet sich Ernst-Michael für die Freiheit, verabschiedet sich von den Leitungsaufgaben an der Schule und unterrichtet nur noch. Weil ihm das Unterrichten und der Kontakt mit den Schülern und Menschen gut tut, beginnt er auch Seminare für Handwerksbetriebe zu geben. Er bereitet Meister und Mitarbeiter auf das Leben und das Führen eines Handwerksbetriebes vor. Sein Wunsch: sie für das Leben zu begeistern.

Er heiratet ein zweites Mal eine Frau, die viele Jahre jünger ist als er. Neu angefüllt von Lebensmut, Energie und Freude fühlt er sich viel jünger und blüht auf. Rückblickend sagt Ernst-Michael, dass diese Zeit auch eine Flucht war, um dem Schmerz, der Trauer und der Auseinandersetzung mit der eigenen Sterblichkeit auszuweichen. Mit einer sehr viel jüngeren Frau konnte er sich an ihren Lebensrhythmus anpassen – und verlor dabei seinen eigenen Rhythmus.

Einige Jahre lebt es sich sehr gut zusammen. Doch dann kommt der Moment, wo sie in der Kraft ihrer Lebensmitte eigene Pläne entwickelt und er mit dem

Ausscheiden aus dem Beruf auf sein Leben zurückzuschaut. Inzwischen leben die beiden vertrauensvoll getrennt, damit jeder seinen eigenen Rhythmus haben kann.

Dadurch ist die dritte Wende in seinem Leben eingeläutet. Ernst-Michael erzählt, wie schwer es ihm gefallen ist, diese Entscheidung zu treffen. Und wie sehr ihm dabei ein Naturritual geholfen hat.

Oft hatte er sich gefragt, was er der jüngeren Generation mitgeben will. Er fährt als Ältester auf eine Jugendvisionssuche in den Alpen mit, um die Jugendlichen zu begleiten. Zuerst kommt er sich für diese Rolle zu jung vor, aber schon bald merkt er, wie gut es ihm tut, seine Erfahrungen an Jüngere weiter zu geben. Er erlebt, dass die Jugendlichen ihm vertrauen und das annehmen, was von ihm kommt. Ihm wird von ihnen die Rolle geschenkt, ein Ältester zu sein. Die Geschichten der Jugendlichen regen ihn an, seine eigenen Geschichten genau anzusehen.

Im selben Jahr beschließt er, selbst zu einer Visionssuche aufzubrechen. Auf seiner eigenen Auszeit in der Natur in Südfrankreich geht er seinen ungelösten Fragen auf den Grund. Er stellt sich dieser Anstrengung, und auch wenn er sich manchmal gefragt hat, warum er sich so abmüht, weiß er heute, dass es gut war.

In den vier Tagen und Nächten allein in der Natur grübelt er, welchen Sinn sein Leben hatte, was es gebracht hat. Ihm begegnen zwei Wanderer, die ihn auf Französisch nach dem Weg fragen. Er antwortet, dass er sie nicht versteht, und einer der Wanderer sagt: „Er versteht nichts." Plötzlich schlägt dieser Satz bei ihm ein: „Er versteht nichts."

Dieser Satz rettet ihn aus der Grübelei, denn gleichzeitig spürt er auch, dass er nicht verstehen muss und sein Leben annehmen kann, wie es ist. Die Anstrengung löst sich und verwandelt sich an diesem Platz mitten im Wald in ein stundenlanges Gebet voller Dankbarkeit für die vielen schönen Details seines Lebens. Endlich stellt sich das Gefühl ein, dass er bei sich selbst angekommen ist, dass es in Ordnung ist, als Ältester zu leben, dass es in Ordnung ist, seine Lebensphase auszufüllen. Er fühlt sich geführt. In dieser Zeit beschließt er, dass er seinen Zweitnamen zu seinem Namen hinzufügen will. Der Name Ernst bringt für sein Gefühl zu dem lieblichen Michael die neu erfahrene Klarheit.

***

Ernst-Michael hat sich in seinem Leben immer geführt gefühlt. Sein Eindruck war, dass ihm immer wieder Engel oder Zeichen von Gott zur Seite gestellt wurden. In Form eines Buches, eines Lehrers, einer einsamen widerständigen Blume mitten auf einer Straße, einer gospelsingenden Frau in einem Zug oder der Musik von Felix Mendelssohn-Bartholdy: „Denn er hat seinen Engeln befohlen über dir, dass sie dich behüten auf allen deinen Wegen ...“. Er empfindet solche Momente als Führung. Als göttlichen Funken, als etwas, was ihm zufällt. Etwas, das ihn immer wieder berührt.

Auch wenn er aus einer Pfarrersfamilie kommt, hat die Kirche keine große Rolle für ihn gespielt. Kirchliche Veranstaltungen und Rituale ließ er lediglich über sich ergehen. Die Chormusik macht ihm jedoch Freude, Kirchenmusik fesselt ihn. Er hatte sich sein Leben lang als einen Zweifler, einen Suchenden bezeichnet, der keinen Zugang zu der Institution Kirche findet. Bis zu dem Moment, als er feststellt, dass der Zweifel elementar zum Glauben dazu gehört, wie auch seine Begegnungen mit Menschen, die wie Engel für ihn sind.

In der Visionssuche in Südfrankreich sind es die beiden Wanderer, die den magischen Satz aussprechen: „Er versteht nichts“, so dass er verstehen kann. Die allumfassende Weisheit, die er in diesem Satz entdeckt, ist für ihn ein göttlicher Funke, die Wanderer wie himmlische Boten. Er spürt die Kraft, die dahinter steckt, und ist zutiefst berührt von dem Gedanken, dass eine göttliche Macht zu ihm gesprochen hat. Das Erlebnis gibt ihm die Sicherheit, eingebunden zu sein, in das All-Eins, ein Teil zu sein, nicht verloren zu sein, aufgehoben zu sein.

Wenn er in der Natur ist, dann empfindet er genau diese Energie. In ihr fühlt er sich sicher und aufgehoben wie in seiner Kindheit im Erzgebirge. Ernst-Michael weiß nun, dass es seine Aufgabe sein wird, als Ältester für die Jüngeren da zu sein. Wenn er diese Reise beendet hat, dann will er an einem Platz sein, an dem er seine Freiheit genießen kann, aber auch in eine Gemeinschaft eingebunden ist, wo es immer wieder Anregungen und Kontakt und Austausch gibt. Am besten generationsübergreifend und gesellschaftsbeteiligt, also eben nicht als Dauergast auf einem Campingplatz.

Wir beenden unseren Spaziergang. Wie ich es geahnt habe, hat die Sonne meine Haut verbrannt. Ich habe es bei der spannenden Geschichte nicht bemerkt. Mit vielen tiefen Gedanken und roter Haut fahre ich zurück von der Mosel an die Ruhr.

Ernst-Michael Dietze hat nun seinen Platz für sich und sein Wohnmobil gefunden. Er begleitet als Ältester Rituale in der Natur, am liebsten bei Jugendvisionssuchen.

Marascha Daniela Heisig

WAS DIE WELT IM INNERSTEN ZUSAMMENHÄLT

Den ganzen Sommer lang ist es heiß gewesen. Nur heute, auf dem Weg zu einem Ritualplatz in Ostwestfalen, regnet es in Strömen und es ist kühl geworden.

Auf dem Platz angekommen eilt Marascha mir entgegen, in brauner Wolljacke und türkisfarbenen Gummistiefeln, denn die Wiese ist klatschnass.

Zur Begrüßung reißt der Himmel ein bisschen auf, der Regen macht eine Pause. Wir können fotografieren und trinken gemeinsam einen Kaffee im Freien.

Man merkt, dass Marascha ganz hierher gehört. Ich besuche sie während einer Visionssuche, die sie leitet. Die Teilnehmenden sind gerade zu ihrer Auszeit für drei Tage in der Natur. Wir räuchern zusammen Salbei, wie wir es bisher zusammen vor jeder gemeinsamen Zeit gemacht haben. Der Rauch der Salbeipflanze, der uns einhüllt, ist wie eine symbolische Reinigung und symbolisiert den Beginn einer gemeinsamen besonderen Zeit.

Wir schicken mit dem Rauch Gebete für die zum Himmel, die draußen sind, dass sie eine gute Zeit haben mögen. Als der Regen wieder einsetzt, und ziehen wir uns in einen kleinen Bauwagen zurück. Drinnen verbreitet ein kleiner Ofen bereits wohlige Wärme und wir kuscheln uns auf die gemütlichen Sitzgelegenheiten. Immer mit dem Blick auf den Platz. Geschirr klappert, die Assistentin hat noch einen leckeren Kaffee zubereitet und Grießbrei mit Zimt gekocht. Es schmeckt köstlich, und während der Wind auffrischt und die Pappeln rauschen lässt, beginnen wir uns zu unterhalten.

***

Schon als Kind hatte Marascha den Wunsch zu verstehen, was die Welt im Innersten zusammenhält, wie Goethe es in seinem „Faust“ ausdrückt. Deshalb beobachtet sie die Natur, will wissen, warum die Natur so ist, wie sie ist. Sie erinnert sich, dass sie gern ein kleines Feuer im Wald machte oder in umgestürzten Wurzeln oder Höhlen spielte. Schon damals denkt sie, dass der Wald ihr eigentliches Zuhause ist, denn in der Familie fühlt sie sich oft „dazwischen“.

Ihr Vater: muslimisch, persisch, orientalisch, ein Geschichtenerzähler. Von seinen Wurzeln her Nomade in der Wüste. Die

Familie lebt in der Tradition der Karawanenführer. Er betet zu Allah. Und ihre Mutter: In der Kriegszeit geboren, traumatisiert, streng katholisch erzogen von der Stiefmutter, versucht mit Verdrängung, das Leben zu meistern. Die Ehe ist konfliktreich, Marascha gerät häufig zwischen die Fronten. Oft fragt sie sich, warum sie auf der Welt ist, und sucht Zuflucht in der Natur. Im Wald fühlt sie sich zutiefst willkommen, verstanden und beheimatet. Mit acht Jahren lässt sie sich dennoch katholisch taufen. Vor allem getrieben von dem Wunsch, im Dorf dazuzugehören. Sie möchte an etwas glauben können. Sicher leitet sie bei dieser Entscheidung auch die Sehnsucht nach einer Vaterfigur, denn der Vater verlässt ungefähr in dieser Zeit die Familie.

Als Schülerin beginnt sie zu erforschen, warum Menschen sind, wie sie sind. Marascha studiert Psychologie und forscht später an der Universität zum Thema Wirksamkeitsforschung in der Psychotherapie. Ihre Frage: Wie können Menschen sich durch Beziehung heilsam verändern und lernen, mit Verletzungen umzugehen?

Die Jung'sche Psychotherapie liefert Ansätze, und sie probiert viele unterschiedliche Wege aus, um zu erfahren, was Menschen hilft. Unter anderem auch die Tiefenökologie und die Tiefenimagination. Ihr Lehrer verbindet diese mit Naturritualen in der Tradition der amerikanischen Ureinwohner, der Lakota. Und so schreibt Marascha in ihrem ersten Buch auch zum Thema „Tiefe Verwurzelung ins Leben hinein durch Initiation".

Durch ihre eigene Forschung neugierig geworden, möchte sie selbst einen Initiationsprozess erleben, um ihre Gaben besser in die Welt bringen zu können. Ihr Wunsch ist es, Naturerfahrungen als heilsamen Weg in ihr Leben einzuladen, sich selbst im Leben willkommen zu heißen, sich tiefer und ehrlicher für das Leben zu entscheiden.

Auf einem Spaziergang in der Natur findet sie eine Eichelhäherfeder, zweifarbig: schwarz und blau, Tod und Leben. Sie denkt sofort: *Das Blau und das Schwarz steht für mich, für Leben und Vergehen und meine zentralen Fragen: Wie kann ich wirklich leben? Was bedeutet Leben? Wer bin ich und was kann ich? Was ist mein beruflicher Platz? Wie kann ich wirken?*

***

Marascha fährt auf eine Visionssuche nach Südfrankreich. In ihrer Auszeit in der Natur findet sie ein tief eingegrabenes Flussbett, schaut in das Wasser, stellt ihre Fragen. An einer alten Feuerstelle am Fluss reibt sie sich mit der Asche ein, als Symbol für den Schmerz und die Zerrissenheit in ihr, die sie betrauert. Ihre Tränen verbinden sich mit dem Flusswasser. Sie kniet sich hin und wäscht mit der Asche auch ihre Wunden ab.

Dann klettert sie durchs Wasser und begibt sich ans andere Ufer, innerlich und

äußerlich, und heißt sich selbst inmitten ihrer Gaben und Aufgaben willkommen. Wie einen Wechsel in ein ganz neues Leben empfindet sie diesen kleinen Schritt. Es ist für sie ein wunderschöner und wirklicher Übergang in den Wunsch hinein, ihr Leben mit allen Gaben, mit aller Kraft zu bejahen.

Das, was in ihrer Kindheit schmerzhaft war, wird ihre Gabe. In ihr formt sich der Satz: „Ich bin die Frau, die Welten verbindet."

Dieser Satz wird zu ihrem Auftrag im Leben. Sie beginnt Brücken zu bauen zwischen unterschiedlichen Welten, vermittelt zwischen Kulturen, Religionen und Dimensionen, bei Konflikten in Teams, Familien, Paaren. Die Wunde aus ihrer Kindheit, dass sie sich immer als anders, zwischen den Stühlen, zwischen Kulturen zerrissen fühlte, heilt. Die Kehrseite ist, dass sie immer wieder starke Ambivalenzen spürt, besonders, wenn es darum geht, Entscheidungen zu treffen.

In ihr reift die Erkenntnis: Was könnte mehr verändern oder heilsamer transformieren als die Natur selbst? Und damit ist für sie klar, dass sie die Natur in Zukunft in ihre Arbeit mit einbeziehen wird. Sie lässt sich als Leiterin für Naturrituale und Visionssuchen ausbilden, um mit Menschen gemeinsam der Frage nachzugehen, wie sie ihre Gaben einbringen können.

Immer wieder begegnet ihr die starke Sehnsucht der Menschen, tiefe Erfahrungen der Verbundenheit zu machen und Spiritualität neu zu erleben, und diese Suchbewegung unterstützt sie gern.

Bei jeder Visionssuche und jedem Ritual erlebt sie, dass sich etwas ins Leben entfaltet. Manchmal mit einem Knall, manchmal ganz leise. Marascha begleitet Menschen, die Spiritualität anders erleben möchten. Die in der Kathedrale der Natur das finden, was die Grenzen von Kirche und Religion sprengt. Sie, die viele Traditionen kennt, hat für sich das Göttliche als die Kraft definiert, die in allem wirkt, die „das große Geheimnis des lebendigen Lebens“ in sich birgt, in der man sich an etwas anschließen kann, das größer ist als man selbst. Eben das, was die Welt im Innersten zusammenhält. Oder wie Goethe es beschreibt: Der Erdgeist, der sagt: „Du gleichst dem Geist, den du begreifst – nicht mir“.

Wir legen Holz im Kamin nach. Draußen regnet es wieder. Wir gehen raus, an den Steinkreis und räuchern noch einmal Salbei als Zeichen für das Ende unserer gemeinsamen Zeit. Und für uns, für die Teilnehmenden und für alle, die vor und nach uns auf dem Weg der Visionssuche sein werden oder waren.

Marascha Daniela Heisig ist Psychologin, Systemische Therapeutin, Supervisorin und Ausbilderin für Visionssucheleitung und bietet viele verschiedene Formen von Ritualarbeit an. Sie lebt bei Detmold.

Holger Heiten

KÖNIG MIT HERUNTER-GEFALLENER KRONE

Holger und ich sitzen an einem kleinen Küchentisch in seiner Wohnung. Sie ist ein eigenes kleines Reich.

Im Regal hinter ihm stehen Bücher. „Darm mit Charme" neben „Der Messias", „Die Nebel von Avalon" neben Ken Wilbers „Spiral Dynamics" und Bubers „Ich und Du". Eine wilde Mischung, die die vielseitigen Interessen von Holger und seine Neugier zeigen. Über dem Sofa ist ein kleiner Sims, auf dem ein Kompass, eine Jakobsmuschel, eine Teekanne, eine Gebetsmühle, eine Segelschnur, blaue Fliesen, Federn, ein Schiff im Glas und eine Buddhafigur um den schmalen Platz buhlen. Daneben hängt ein Bild von Jesus und den Emmausjüngern, von dem Moment, als sie erkennen, dass der Wanderer ein enger Freund ist. Die Überraschung auf ihren Gesichtern ist auch mir ins Gesicht geschrieben. Draußen regnet es. Es ist wunderschön grün. Das Eschwege-Institut liegt heute still da. Ein Seminar ging zu Ende, erst morgen beginnt ein neues. Irgendwo summt ein Staubsauger. Der Kaffee duftet.

Ich kann kaum glauben, dass vor mir ein ehemaliger sogenannter „Problemjugendlicher" sitzt. Ein Junge, der früh auf die schiefe Bahn kommt, der in Kriminalität und Drogen den Kick außerhalb des gutbürgerlichen, protestantischen Elternhauses sucht. Ein Elternhaus, in dem der Vater, Kapitän zur See, oft abwesend ist, und die Erwachsenen für einen suchenden Jugendlichen kaum Verständnis aufbringen. Sie sind damit beschäftigt, zu tun, „was alle tun", und nicht anzuecken. Doch das Jugendamt und die Polizei stehen oft an der Tür des alten Ostfriesenhauses. Immer wieder provoziert Holger seine Umgebung, rebelliert gegen sie, geht Risiken ein.

Am Ende wollen nur noch wenige Gleichaltrige sich mit Holger abgeben. Zu ihnen gehört ein Mädchen aus einem Kinderheim, das ihm immer mal wieder ein Ohr leiht. Als er bei der nächsten Party rausfliegt, nimmt ihn dieses Mädchen mit in das Heim. Die Vorstellung, gemeinsam mit ihr an einem Frühstückstisch zu sitzen, lockt Holger an diesem nebeligen Morgen in das alte Gebäude des Kinderheimes. Noch benebelt vom Alkohol, ist er fahrig und laut. Das ganze Haus wird wach und der Störenfried stellt sich darauf ein, von der Heimleiterin hinausgeworfen zu werden.

Doch die Dame mittleren Alters gibt ihm mit einem Blick zu verstehen, dass sein Gepolter und seine Äußerlichkeiten für sie uninteressant sind. Sie schaut Holger direkt ins Herz und lässt ihn irgendwie spüren, dass das, was sie im Kern sieht, gut ist. Ihr Talent, einen Menschen zu sehen, wie er ist, ihn liebevoll anzusehen, lässt seine Maske fallen. Holger fühlt sich augenblicklich von ihr verstanden und angenommen.

Ein paar Minuten später entzündet er an dem klammen Morgen im Nebengebäude des Heimes ein Kaminfeuer. Bei Tee und Feuer nimmt Hilde sich den ganzen Vormittag Zeit und hört Holger zu. Über den Inhalt des Gespräches weiß er nicht mehr viel, wohl aber, dass er sich aufgehoben fühlte, ernst genommen und akzeptiert. Und er erinnert sich, dass er dieser Frau nichts vormachen konnte. Er erfährt, dass sie Christin ist. Sie ist in der Kirche des Ortes selten zu sehen, geht mit ihrem Glauben nicht hausieren.

Holger sagt, dass Hilde die erste authentische Christin war, die er erlebte. Statt sich wie sonst über den Glauben lustig zu machen, hört er zu, beginnt zu verstehen, dass sich etwas Besonderes für ihn öffnet. Er erlebt, wie liebevoll sie mit den Heimkindern umgeht. Wie königliche Kinder werden sie ernst genommen und würdevoll behandelt. Auch er spürt etwas davon, als sie ihm sagt: „Mensch, Holger, weißt du denn nicht, dass du ein König bist? Dir ist einfach nur die Krone heruntergefallen!"

***

Die Begegnung heilt etwas in ihm. Heute geht Holger selbst auch davon aus, dass es so etwas wie eine Königswürde eines jeden Menschen gibt und dass wir die Aufgabe haben, sie aus ihrem Schlaf zu wecken, so wie es Hildes Art war: Sie sah das Königliche im Menschen.

Als Holger damals heimging, war sein Leben bereits verändert. Die Begegnung mit Hilde ist für ihn Anstoß und Antrieb, eine andere Richtung einzuschlagen. Am nächsten Morgen steht er bei Hilde vor der Tür und fragt, ob er irgendwie mithelfen könne. Um sich selbst zu retten, braucht er einen anderen Ort als sein Elternhaus, das spürt er.

Er bleibt 18 Monate lang bei Hilde. Langsam, nach kleinen Umwegen, klärt sich so auch sein Berufsweg und Holger schlägt den Weg in die soziale Richtung ein. Er arbeitet in einer Suchtklinik und später als Psychotherapeut und Gruppentherapeut für alkoholabhängige Männer. Nach einigen Jahren wird Holger klar, dass er nicht immer an diesem Ende des Problems arbeiten will – mit Menschen, die sich mit den Folgen einer nie stattgefundenen Initiation ins Erwachsensein herumschlagen. Er sucht nach proaktiven, präventiven Ansätzen, wie Menschen ins Leben finden, ihr Leben annehmen können, und entdeckt die Übergangsriten indigener Völker. Bald stößt er auch auf den Begriff Visionssuche, nimmt selbst an einer teil und meldet sich danach umgehend für die Ausbildung an.

Schon kurz vor Ende der Ausbildung beginnt er damit, selbstständig zu arbeiten, und gründet schließlich das Eschwege-Institut, wo er selbst Visionssucheleiter ausbildet. Die Königs- oder Königinnen-Metapher spielt auch heute noch eine Rolle in vielen seiner Angebote, in denen es darum geht, die Verantwortung für das eigene Leben zu übernehmen. In Würde und Verantwortung und Freiheit.

Die Spiritualität, die Holger durch Hilde kennenlernte, wirkt bis heute in sein Leben hinein. Erst im Kinderheim entdeckt er, dass das, was man gemeinhin unter dem Begriff „Gott“ subsumiert, erfahrbar ist. Er nennt Gott „die Allverbundenheit“ oder „die tausend Namen“: Gott ist für Holger der Gott der mystischen Erfahrung einer All-Verbundenheit, einer Präsenz, die Martin Buber das „ewige Du“ nennt. Diese Erfahrungen der Verbundenheit gehören zu den schönsten Dingen in Holgers Leben.

***

Heute unterstützt Holger Menschen, die Sehnsucht haben nach Gott und nach Spiritualität, indem er ihnen mit der naturrituellen Arbeit Wege aufzeigt, wie man dem ewigen Du begegnen kann, ohne eine Institution zu benötigen, und den Dialog mit dem Leben wieder aufnehmen kann. Obwohl er den Glauben und die Liebe tief in seinem Herz trägt und viele wunderbare Menschen in der Kirche kennt, geht er mit der Institution Kirche hart ins Gericht. Sein Wunsch ist es, dass eines Tages zusammenkommt, was in seinen Augen zusammengehört.

Ihn fasziniert die Entdeckung, dass sich schon im Alten Testament der Bibel eine Reihe von Geschichten von Menschen findet, die sich in ihren Herausforderungen an Gott wenden, indem sie in die Wildnis hinausgehen. Martin Luther übersetzt das Wort „Wildnis“ mit „Wüste“. Genau genommen müsse es jedoch mit „das von Menschen nicht Überformte“ oder „das Wilde“ übersetzt werden, womit alles Naturbelassene gemeint sein kann, sagt Holger. Dort, in der Natur, fanden oder erhielten diese Menschen dann Zeichen

oder Hinweise, die sie so ernst nahmen, dass sie sich danach richteten. Für sie waren es die Antworten Gottes. Dieses Phänomen, dass man sozusagen im Spiegel der Natur Hinweise und Antworten findet, die bereits in einem selbst angelegt sind, ist im Grunde genommen genau das, was die naturrituelle Arbeit ausmacht, so Holgers Entdeckung. Denn der Erfahrungsraum, der sich öffnet, ist der gleiche: Auch die Menschen auf Visionssuche und bei vergleichbaren Formaten gehen in die Natur mit der Aufgabe: „Schau in den Spiegel der Natur, lerne dich selbst tiefer zu verstehen. Versenk dich in eine heilige Beobachtung, in eine Kontemplation der äußeren Welt um dich herum. Dort, in deiner äußeren Wirklichkeit, wirst du nie etwas anderes entdecken als dich selbst."

Holgers Ansicht nach ist dieses Beobachten der Natur, sind die meditativen Auszeiten in der Natur, ist die Erwartung, dass Gott sich in der Schöpfung zeigt, im Verlauf der Kirchengeschichte nach und nach verloren gegangen. Holger kritisiert die Strukturen innerhalb der Kirche, in denen es um Machterhalt geht und darum, den Glauben exklusiv zu vertreten, statt ihn zu gestalten. Er nennt dies „spirituelle Enteignung". In Holgers Augen kann die Arbeit mit Ritualen

einen Beitrag leisten, diese alten Wege wiederzufinden und eine Rückbesinnung auf die Ursprünge unserer Religion anzuregen, auf einen nahbaren Gott.

Als Jugendlicher hatte Holger das ganz große Bedürfnis danach, geliebt und angenommen zu werden, und zwar als der, der er wirklich war. Er war auf der Suche danach, anerkannt zu werden. Am Anfang verstand er noch nicht, wie wichtig es ist, sich erst einmal selbst zu lieben, sich anzunehmen, wie man ist. Dass Hilde ihn so sehen konnte, wie er war, war der Ausgangspunkt, von dem aus er anfangen konnte, sich selbst lieben zu lernen. Diesen liebevollen Blick schreibt er auch Jesus Christus zu. Diesen Blick übt er heute für andere. Und dieser Blick lässt die Liebe und Selbstannahme in jedem Einzelnen erblühen.

Holgers Wunsch ist, dass die naturverbundene Arbeit ihm und anderen dabei hilft, diesen Blick zu üben. Die Liebe, die Verbundenheit, so wie Gott sich zeigt, ist in jedem Menschen angelegt. Wenn wir das im anderen ansprechen, wenn wir uns tiefe Aufmerksamkeit schenken, kann das ein wertvoller Beitrag für eine bessere Welt und für tiefe Gotteserfahrungen sein. Holger geht es nicht um Techniken oder bestimmte Arten, wie man Rituale ausübt, sondern es geht um eben diese Haltung und um die Authentizität jedes Menschen. Besonders der Menschen, die Rituale leiten.

Was bei kontemplativen Spaziergängen in der Natur erfahrbar wird, lässt sich nach Holgers Auffassung nicht auf wahrnehmungspsychologische Erklärungen allein reduzieren. Die Schöpfung ist mehr als nur eine Projektionsfläche des Eigenen. Das wird an den für das Selbstverstehen wichtigen Symbolen deutlich, die bei solchen Spaziergängen von den Teilnehmern an Holgers Seminaren gefunden werden und die Seele des Suchenden zum Schwingen bringen. Als würde der Suchende bei seinem Namen gerufen werden und die Erfahrung machen: „Ich bin gemeint, niemand anders."

Holger ist überzeugt, dass man das durchaus als spirituelle, ja mystische Erfahrung erleben kann, in der die Natur auf mich zukommt und mich gesehen hat und ich mich gesehen, angesprochen, gemeint und erhört fühle. Dabei ist das Ritual ein Hilfsmittel, ein Rahmen, in dem wir uns sicher genug fühlen, um unser empfindsames Sensorium zu öffnen, was im lauten Alltag des Lebens sonst oft untergeht. Das Ritual ist der Raum, in dem wir die Erfahrungen bewusst erleben, die uns immer möglich sind, und die Liebe einladen können, die uns immer umgibt. Das ist der Raum, in dem jeder Mensch sich wieder seiner Königswürde bewusst werden kann.

Holger Heiten lebt in Eschwege. Er leitet dort das Eschwege-Institut.

Nicole Kahrs

ES IST ALLES GOLD, WAS GLÄNZT

Die alte Uhr auf dem Schuldach steht still, die goldenen Ziffern leuchten in der Sonne. Nicole hat das Uhrwerk abgestellt, zeitlos soll die Schule heute sein – die Lebensschule.

Wir stehen im Garten und schauen hinauf. Dieses Haus ist seit wenigen Jahren Nicoles neues Zuhause, ihr neuer Arbeitsort. Der eine Teil der ehemaligen Schule ist ein kleines Seminarhaus, im anderen wohnt Nicole mit Mann und Hund. Alles harmoniert in Backstein und Holz, lädt ein zu bleiben, strahlt Ruhe aus. Die Farben sind Bronze, Weiß, Teegrün und Gold. Sogar Nicoles Schreibbuch ist in Gold eingefasst. Die Farbe ist Symbol ihres Wunsches für dieses Haus: Die Menschen dürfen hier einen Goldschatz bergen, ihre ureigenste Bestimmung finden, ihre Gaben ihrem Wesen gemäß zur vollen Entfaltung bringen, ihr wahres Potenzial entdecken. Nicoles Ziel ist, dass Menschen ihre Berufung über den Beruf hinaus entdecken, so wie sie es einst selbst tat.

Wir setzen uns gemeinsam in den wunderschönen Seminarraum. Überall stehen Federn in Gläsern. Eine goldene Vase mit Blumen thront in der Mitte des Sitzkreises. Eine Kerze brennt für uns.

Nicole ist eine Frau, die alles genau wissen will. Sie gräbt tief, um zu erfahren, was die eigene Wahrheit ist, die innere Wahrheit jedes einzelnen Menschen. Sie hat lange gebraucht, um ihren eigenen Weg zu finden, ihre eigene Bestimmung, ihrem eigenen Ruf zu folgen. Ihre Gabe war lange verschleiert von der Angst vor dem Tod und Schuldgefühlen.

***

Der Tod ist früh ein Thema in Nicoles Leben. Als sie zwei Jahre alt war, starb ihr älterer Bruder bei einem Verkehrsunfall. Ihr kindliches Herz entwickelt das Gefühl, irgendwie schuld an der Situation zu sein, dass es eine Verwechslung gewesen ist, dass sie hätte sterben müssen, nicht ihr Bruder. Um das daraus erwachsende Gefühl zu überwinden, kein Anrecht mehr auf einen Platz in der Welt zu haben, versucht sie in allem die Beste, die Liebste, die Schönste zu sein und geht keine Risiken in ihrem Leben ein. Sie verlangt sich viel ab, strengt sich an und spürt eine große Einsamkeit. Ihr Herz bleibt jedoch trotz aller Anstrengungen leer.

Sie traut sich nicht, die wilde, fröhliche Nicole zu sein, die sie in ihrem Herzen spürte, sondern passt sich als ein braves Mädchen an, verleugnet ihre wahre Natur. Doch dass sie nicht sein kann, wie sie wirklich ist, schnürt ihr regelrecht die Luft ab. Die Todesangst hat sich in ihr festgesetzt und ein großes Schuldgefühl, dass ihr Bruder gestorben ist und nicht sie. Seit dem Tod ihres Bruders begleiteten sie Panikattacken und körperliche Symptome, die ihr suggerieren, an tödlichen Krankheiten zu leiden, obwohl sie kerngesund ist.

Mithilfe eines Therapeuten gelingt es ihr, mit Beginn des Studiums die Gründe für ihre Panikattacken und Symptome anzuschauen. Kurz darauf werden sie weniger und bleiben schließlich aus. Zum ersten Mal spürt sie wieder Lebensenergie in sich.

Die neue Liebe zum Leben setzt in Nicole ungeahnte Kräfte frei: Sie wird mit Anfang 20 Unternehmerin, Mutter und DJane und engagiert sich in vielfältigen sozialen Projekten. Eine starke Frau entdeckt sie in sich, eine Amazone. Ihr fliegt das Leben zu, sie ist erfolgreich, hat immer Aufträge, bekommt viel Anerkennung.

Und doch fühlt sie sich nicht so ganz am richtigen Ort. Sie zieht die Anerkennung der anderen in Zweifel, ist trotz des Erfolges verunsichert, ob sie auch wirklich kann, was sie tut. Was wirklich ihre Gabe, ihre Aufgabe und ihre Bestimmung auf dieser Welt ist, dafür scheint sie zu dem Zeitpunkt blind zu sein.

***

Für Nicole beginnen Jahre der Suche und der Auseinandersetzung mit sich selbst. Bei einer Fortbildung in der Schweiz trifft sie einen Mann, der sie zu Wanderungen mitnimmt. Sie, ein Stadtkind aus dem Flachland, das keinen Bezug zur Natur entwickelt hat und sie eher als etwas Unpraktisches empfindet, in dem man hässliche Kleidung tragen muss, wagt sich hinaus in die Berge. Sie rückt der Natur etwas näher und merkt, dass sie sich öffnet und etwas von ihrer inneren Anspannung abfließt.

Nach der Zeit in der Schweiz zerrt die Frage nach ihrer Bestimmung wieder an ihr. Nicole kann nicht schlafen und erkennt, dass sie sich endlich tiefer damit auseinandersetzen muss. Sie möchte wissen, ob das Leben sie führen kann, ob sie sich von der inneren Stimme leiten lassen darf, die sie hört, aber bisher versteckt. Nicole startet ihren persönlichen Selbstversuch, von ihrem Beruf zu einer echten Berufung zu finden. Im Verlauf dessen trifft sie eine existenzielle Entscheidung: Sie gibt ihre Firma auf und konzentriert sich ganz auf ihre innere Reise.

Diese beginnt sie mit einer langen äußeren Reise durch viele Länder, denn das Reisen erscheint ihr als eine Möglichkeit, eine neue Perspektive auf sich selbst einzunehmen. Bei der Umrundung der Welt lernt sie sich selbst besser kennen und kann vielen ihrer tiefsitzenden Ängste bewusst in die Augen schauen. Sie erforscht die Ursache ihres inneren Leistungsdrucks und entwirrt dadurch langsam den Knoten ihres Gefühlschaos'. Mit einem Lachen sagt sie, dass es so einfach klinge, wenn man sagt, man müsse einfach nur loslassen. Sie weiß, welche Schmerzen und welche Anstrengung es sie gekostet hat, ihre damaligen Vorstellungen aufzugeben und sich dem Leben neu anzuvertrauen.

Unterwegs träumt sie in einer Nacht auf Hawaii von ihrer Lebensberufung. In dem Traum fragt sie einfach Menschen danach, wofür sie auf der Welt sind und was sie lieben. Das klingt für Nicole nicht nach einem richtigen Plan oder Businessmodell, doch sie beschließt, ihrem Traum einen Vertrauensvorschuss zu gewähren, weil er sich wahr anfühlt. Und so führt sie noch auf der Reise eine Reihe von Interviews, in denen sie Menschen nach ihrem Weg zu ihrer eigenen Berufung befragt. Die Resonanz auf die Gespräche überwältigt sie.

Zurück in Deutschland versucht Nicole, alles in eine Form zu bringen, schmiedet Pläne und bereitet Förderanträge für ein großes Medienprojekt vor. Sie ist voll ihrer alten Energie. Allerdings wird sie von ihrem Körper durch einen Hexenschuss ein halbes Jahr lang ausgebremst. In diesem halben Jahr lernt Nicole, dass die alten Mechanismen und inneren Antreiber für ihre Arbeit nicht mehr zu ihrem neuen Leben passen. Sie wirft noch einmal alle Pläne über den Haufen, um sich noch ein bisschen mehr Zeit zu geben, einen neuen Umgang mit Tempo und Arbeitsintensität zu finden und um besser erfühlen und spüren zu lernen, wie sie in Balance kommt.

Sie meldet sich zu einer Visionssuche in Schweden an, obwohl sie große Angst vor der wilden Natur hat, vor der Dunkelheit, vor der Nässe, vor der Schutzlosigkeit, vor den Tieren. Doch etwas in ihr drängt sie, das genau jetzt zu tun. Für Nicole ist es ein Schritt in eine vollkommen andere Welt, denn das Draußen ist ihr trotz der

Wanderungen in der Schweiz und der Weltreise gänzlich unbekannt. Auch in der Gruppe fühlt sie sich wie eine Exotin.

Auf der Suche nach dem Platz, an dem sie ihre drei Tage und drei Nächte verbringen soll, entdeckt sie den schönsten Ort, den sie jemals gesehen hat. Doch sie traut sich nicht, an diesem Ort ihr Lager aufzuschlagen, weil sie nicht glaubt, dass sie das Recht hat, einen solchen Platz für sich zu beanspruchen. Doch ihre weitere Suche nach einem Platz bleibt ergebnislos.

Nach langem Hin und Her geht sie schlussendlich doch wieder zurück zu dem wunderschönen Platz, der wie ausgebreitet vor ihr liegt. Eine Anhöhe mit Ausblick, mit Bäumen und Felsen und einem wunderschönen Fjord.

Auf dem Boden entdeckt sie eine Feder eines Eichelhähers und ist zutiefst berührt. Denn schon in der Vorbereitungszeit der Visionssuche hat sie eine solche Feder gefunden, als sich in ihr die Angst vor dem Wald breit machte. Für Nicole ist es ein magischer Moment. Der Eichelhäher verkörpert den Wächter des Waldes – oder den Warner. Und genau das ist auch Nicoles große Frage: „Wacht das Leben über mich und lädt mich ein zu sein? Oder warnt es mich vor Gefahr, und meine Angst ist berechtigt und es ist Zeit zu fliehen, mich klein und unsichtbar zu machen?“

Die Feder ist für sie darum ein Zeichen, dass sie mit ihren Ängsten und Nöten gesehen wird, ein Trost und eine Einladung, sich selbst herauszufordern und gleichzeitig beschützt zu fühlen. Trotz ihrer Angst

davor, an diesem Ort exponiert und sichtbar zu sein, beschließt sie, ihre Zeit dort zu verbringen.

Eine weitere Frage, die während der Auszeit in ihr aufsteigt, ist, wer sie beschützt, wenn sie in tödlicher Gefahr ist. Ihr Grundgefühl, bedroht zu sein und das Schuldgefühl, nicht auf der Welt sein zu dürfen, holen sie für einen Moment wieder ein.

Nicole verbringt ihre Tage auf dieser Kuppe, schaut in die Weite, schläft viel. Sie kommt in ein verlangsamtes Tempo, was ihr gänzlich unbekannt ist: Sie befindet sich zwischen Wachsein und Schlaf und zwischen Traum und Wirklichkeit, zwischen „Ich" und „Ich auch", wie sie es ausdrückt. Sie fühlt sich voller Energie, auch wenn sie ganz entspannt ist, mit jeder Sekunde mehr, die sie draußen ist und sich mit der Natur verwebt.

Sie macht sich die Natur zum Freund. Eine ihrer Entdeckungen ist: Sie kann für ihren eigenen Schutz sorgen: einen Unterstand bauen, für Wasser und Wärme sorgen, ihr Lager gut verstecken und sich unsichtbar fühlen, sich gut vor möglichen Gefahren verstecken. Das Gefühl, nicht hilflos ausgeliefert zu sein, gibt ihr große Kraft.

***

Als sie aus ihrer Auszeit zurückkommt, erzählen ihr die anderen Teilnehmerinnen, dass zu Beginn von Nicoles Auszeit über ihrem Platz für einen kurzen Moment ein Regenbogen erschienen ist. Nicoles Herz deutet diesen Regenbogen sogleich als ein Zeichen für sich. Wie in den Märchen, die erzählen, dass am Ende des Regenbogens ein Goldschatz versteckt ist, scheint ihr der Regenbogen Mut zu machen, dass sie einen Schatz in sich selbst finden kann.

Nicole, die früher aus lauter Angst die Geschenke ihres Lebens nicht gesehen hat, beschließt, die Gaben, die ihr angeboten werden, auch anzunehmen. Immer mehr zu begreifen und zu ergreifen, was bereits da ist. Der Regenbogen wird für sie zum Symbol dafür, dass sie selbst eine Verbindung zwischen Himmel und Erde für Menschen sein könnte, eine Verbindung zwischen den Menschen und den Bildern und Hinweisen, die die Natur schenkt. Sie fühlt sich eingesponnen in das Netz des Lebens, in eine liebevolle hohe Intelligenz, die darin wirkt. Nicole kann daraus schöpfen, sich davon führen lassen. Es wird für sie der entscheidende Veränderungsschritt in ihrem Leben, sich diesem Netz, dieser Intelligenz anzuvertrauen.

Ihre zweite Entdeckung ist, dass ihre Träume zu ihr sprechen. So, wie sie es schon einmal auf Hawaii erlebt hat. Auf ihrer Visionssuche träumt sie davon, dass sie in der Erde gräbt und einen Sack Gold findet. Der Regenbogen erinnert sie daran, diesen Schatz zu heben. Ihr persönlicher Schatz ist ihre Berufung, die sie auf Hawaii erhalten hat. Ihr ist klar: um sie umzusetzen, muss sie sich zuerst einmal selbst annehmen und lieben. Den Ansatz dazu hat sie auf dieser Visionssuche erlebt: in sich selbst einen liebevollen, liebenswerten Kern zu entdecken und zu nähren, trotz ihrer Zweifel und Angst und Fehler: Unperfekt perfekt sein. Nur so kann sie anderen in ihre Berufung helfen. Was bei ihr golden leuchtet, kann auch in anderen zum Leuchten gebracht werden.

Es wird ihre Berufung, ihr Lebensthema, das zu teilen und anderen Menschen Räume zu öffnen und zu schaffen. Menschen zu ermutigen, ihre eigenen Geschichten und Gaben zu betrachten und durch die Geschichten von anderen Mut zu fassen. Die Worte, die dafür zu finden sind, sind viele: Potenzialentfaltung, Berufung,

Sinn, Bestimmung und ein Leben in voller Lebendigkeit.

Nicole weiß aus ihrer eigenen Biografie, dass der Weg zum inneren Wandel ein Weg ist, der Aufwand erfordert. Es ist eine grundlegende Entscheidung, ob man der eigenen Persönlichkeit Zeit und Ressourcen zum Wachstum einräumt, und es braucht Zeit, um all das im Leben zu integrieren.

Nicole hat sich aus ihrer früheren Berufswelt radikal gelöst, um sich zu fragen, wofür sie eigentlich wirklich da ist. Sie hat sich selbst Aufmerksamkeit und Zuwendung geschenkt und hat eine Antwort auf ihre Fragen gefunden.

Ob es heute Interviewsituationen sind oder sie Menschen bei Ritualen oder Workshops begleitet: Sie bemerkt den Unterschied, ob sie im Reinen mit sich selbst ist und eine liebevolle Sicht auf die Dinge und die anderen Lebewesen hat, oder nicht. Sie hat erlebt, dass in der liebevollen Zuwendung zu sich selbst die Kraft liegt, sich mit großen Brüchen und Hürden im Leben zu versöhnen. Aber sicher ist sie auch: Man kann sich diese Errungenschaften und Erkenntnisse im Leben nicht anlesen oder aneignen, sondern nur durchleben.

Heute kann Nicole sagen, dass sie eine Frau ist, die dem Leben vertraut. Sie hat das Gefühl, den ganzen Sack voll Gold am Ende des Regenbogens gehoben zu haben. Vielleicht ist deswegen in der alten Schule überall so viel Gold. Eine kleine Erinnerung daran, das eigene Gold der Begabungen und Fähigkeiten zu zeigen und glänzen zu lassen.

Zum Abschluss dieses goldenen Interviews nehmen wir eine der wunderschönen Federn in die Hand, entzünden Rauch und beten gemeinsam dafür, dass Menschen ihrer Berufung folgen. Und wir beten auch füreinander, dass wir unseren Berufungen treu sein mögen.

Nicole Kahrs ist Initiatorin für Sinnstiftung und Potenzialentfaltung. Sie lebt in Lübberstedt, Niedersachsen und erschafft in Talkrunden, Workshops und Seminaren Orte, um Gespräche, Austausch und Begleitung für die sinnstiftende Gestaltung von Lebens- und Arbeitswegen zu initiieren.

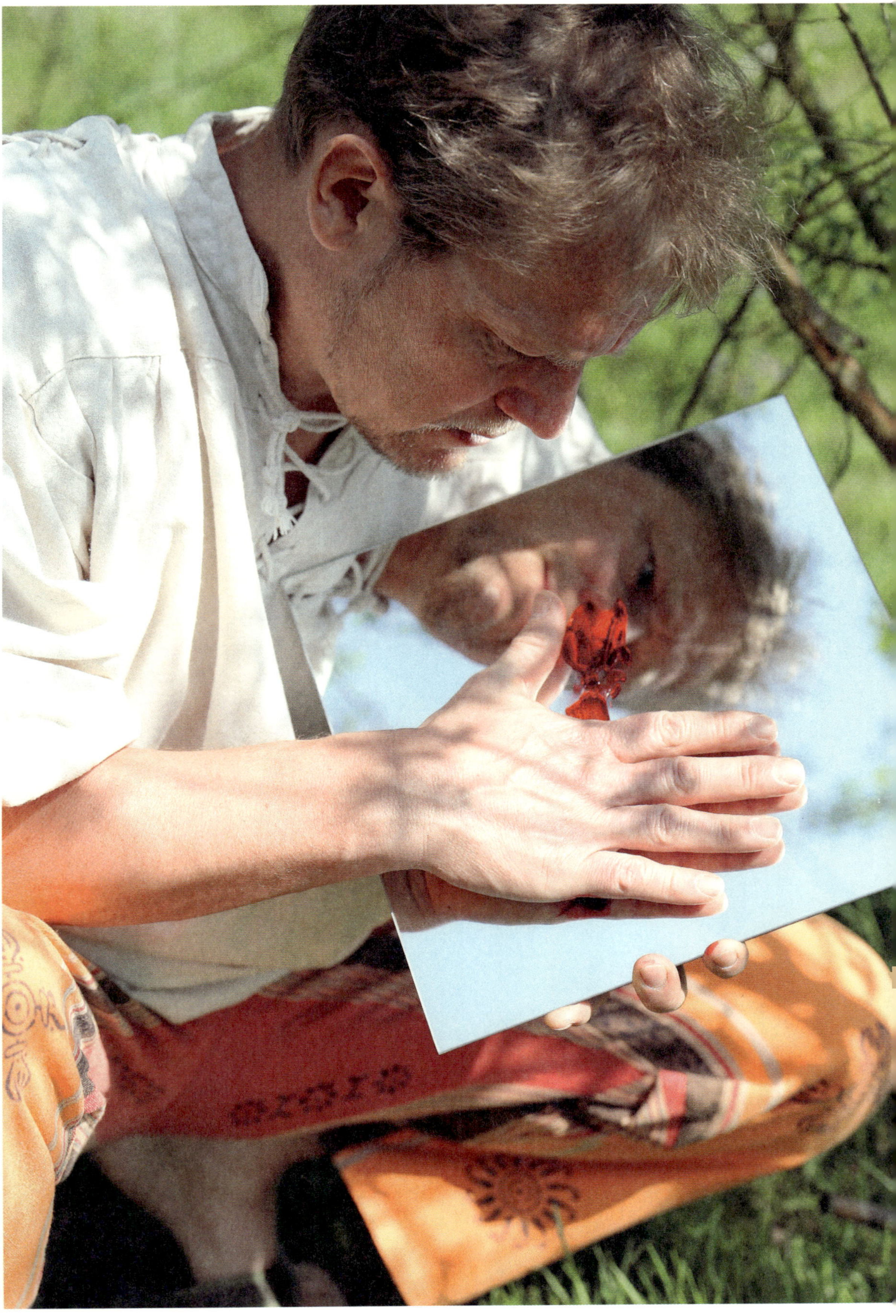

Stefan Brombach

STIRB UND WERDE

Als ich an einem warmen Frühlingstag auf den Hof im Bergischen komme, höre ich eine Stimme, die mich begrüßt, sehe aber niemanden. Ich gehe auf diese Stimme zu, und kurz bevor ich in die Tiefe stolpern kann, taucht aus einer Grube vor mir ein Mann in Shorts auf, lacht und schwingt sich aus einem Quellwasserbecken, das sich gerade füllt. Ich bin heilfroh, dass er schneller war als ich.

Wir schauen über ein wunderschönes Tal. Die Apfelblüte ist in vollem Gange. Es duftet nach frisch gemähtem Rasen und Honig. Vom Steinbruch her weht ein angenehmes Lüftchen. Ein paar Mofas knattern auf den Hof. Einige Jugendliche sammeln Stefans Teenager ein, um schwimmen zu gehen, dann wird es wieder still auf dem Hof.

Stefan ist ein Ältester, ein *Ritual Elder* im Bereich Männerinitiation in der Tradition von Männerpfade (Men's Rites Of Passage). Ich weiß, dass ich heute über diese Rituale nichts im Detail hören werde. Der Respekt gebietet es, dass nichteingeweihte Personen darüber nichts erfahren und Eingeweihte nichts erzählen, was die Rituale genauer beschreibt. Doch ich darf heute Stefans Geschichte hören und etwas über seine Aufgabe und über die tiefe Erfahrung lernen, die Männer durch seine Arbeit machen können: eine Initiation ins Mannsein.

Als Stefan sich schnell noch ein T-Shirt überzieht, sehe ich an seinem Hals eine lange Narbe, die sich vom Haaransatz bis zum Rücken erstreckt. Als wir zusammensitzen, frage ich, was für eine Geschichte sich hinter der Narbe verbirgt.

Die Narbe, sagt Stefan, ist ein Teil seiner Einweihung ins Leben, und die Geschichte liegt schon fast 20 Jahre zurück. Sie beginnt mit dem Zerbrechen einer langjährigen Beziehung. Die Trennung kommt für Stefan überraschend, er gerät ins Trudeln. Stefan versucht sein Leben wieder in den Griff zu bekommen, sich wieder zu spüren. Er lebt intensiv. Doch wechselnde Beziehungen und risikoreiche Sportarten lassen ihn nach einem Moment des Kicks leer zurück.

Bei einer Motorradfahrt mit Freunden hat er einen schweren Unfall. Er stürzt in einer unübersichtlichen Kurve eine Böschung hinab. Als Stefan an der Unfallstelle die Augen wieder aufschlägt, ahnt er bereits, dass dies ein Wendepunkt in seinem Leben ist. Er bewegt sich nicht und wartet auf Hilfe. Die Ersthelfer reagieren besonnen. Ein Halswirbel ist gebrochen. Jede kleinste Bewegung würde eine Lähmung bedeuten und vielleicht das Ende. Die Rettungskräfte und Ärzte schaffen es, Stefans Hals so zu stabilisieren und später zu verschrauben, dass die Nervenbahnen nicht beschädigt werden.

Es dauert noch einige Monate, bis Stefan wieder aktiv sein kann. Die Tage und Wochen im Krankenhaus sind seine Zeit, um neu über sein Leben nachzudenken. Eine Zeit, in der er Entscheidungen für sich trifft. Ein Jahr nach dem Unfall ist Stefan Vater, Ehemann und Unternehmer.

***

Noch heute erinnern ihn zwei Schrauben im zweiten Halswirbel an diesen Moment und diese Entscheidungen. Es ist seine heilige Wunde, seine Erinnerung daran, dass das Leben heilig und zerbrechlich ist. Dass er noch lebt, ist ein Wunder. Die Erfahrung, dem Tod so nah zu sein, diese Minuten des

Wartens auf Hilfe, des Sich-einfach-hingeben-Müssens, des Sich-nicht-bewegen-Dürfens, in denen sich entscheidet, ob er weiter lebt oder nicht, ohne die Kontrolle darüber zu haben ... diese Minuten sind für ihn sein Übergangsraum in ein anderes Leben. Diese Minuten haben ihn ins Leben initiiert.

Danach war für ihn nichts mehr so, wie es einmal war. Er hat den Wunsch, seine Erfahrung der Hingabe und Dankbarkeit an das Leben weiterzugeben. Die Erkenntnis, dass das Leben eine Aufgabe ist, dass der Tod ein reales Ereignis ist und dass wir nichts kontrollieren können, bilden heute für ihn die Basis, um Menschen als Ritualleiter zu begleiten.

Zehn Jahre nach dem Unfall lernt Stefan den Franziskanerpater Richard Rohr kennen. Er hört von dem von Rohr entwickelten Initiationsritual für Männer und weiß sofort: *Das ist genau das, was ich machen will. Gleichzeitig ahnt er, dass der Unfall ihn die tiefsten Inhalte des Rituals bereits gelehrt hat.*

Die Tage der Initiationsveranstaltung, an der er teilnimmt, erlebt und beobachtet er gleichzeitig. Die Art und Weise, wie diese Veranstaltungen durchgeführt werden, begeistert ihn zutiefst. Die Balance zwischen Nähe und Distanz, die Intensität und Liebe. Auch wenn Stefan mit der katholischen Kirche nichts mehr zu tun hatte, fühlt er sich von dem katholischen Priester und seiner radikalen Inklusivität allen Menschen gegenüber angezogen.

Bald nach den eigenen Initiationstagen ist ihm klar, dass er solche Rituale mitgestalten

will. Zwei Jahre später steht er selbst vor einer Gruppe und leitet das erste Ritual. Inzwischen ist er verantwortlich für das Bewahren, Durchführen und behutsame Weiterentwickeln der Initiationsrituale.

Es fällt ihm leicht, die Kernbotschaften der Initiation zu verinnerlichen und für die Teilnehmenden als Resonanzkörper zur Verfügung zu stehen. Denn niemand wird durch andere initiiert, sondern jeder Teilnehmer führt seine eigene Initiation selbst herbei.

Im Grunde ist ein solcher Prozess des Übergangs nichts Neues, denn jeder Mensch ist von ständigen Lebensübergängen begleitet, die in jungen Jahren mit Einsetzen der Pubertät zum ersten Mal

körperlich deutlich werden. In früheren gesellschaftlichen Formen haben sich die Menschen jedoch noch stärker mit den Übergängen in die unterschiedlichen Lebensphasen beschäftigt, als wir es heute in der westlichen Welt tun. Insbesondere indigene und naturalistische Völker haben noch heute eine weitaus reichere Kultur für das Feiern von Übergängen. Menschen, die sich im Übergang in eine andere Lebensphase befinden, werden durch ihr Umfeld begleitet, die Veränderung wird wahrgenommen und wertgeschätzt. Das ist in unserer heutigen Zeit verloren gegangen.

Zwar haben auch wir noch Übergangszeiten, aber wir nehmen sie nicht mehr bewusst wahr, begehen sie häufig nicht mehr gebührend. Oft haben die uns noch verbliebenen Rituale wie Konfirmation, Abiturfeier, Heirat und andere nicht mehr die tiefe rituelle Übergangsbedeutung, die sie einmal hatten. Heute fehlt es oft an Substanz, an der Fähigkeit, den Abschluss einer Lebensphase wirklich zu zelebrieren und eine neue Zeit willkommen zu heißen. Es fehlt vor allem an Begleitung für die, die sich im Übergang in ein neues Lebensalter befinden, auf der körperlichen wie auch auf der geistigen Ebene. Dadurch ist uns ein wichtiges Instrument verlorengegangen, um uns klarzumachen, wo wir uns auf unserer Lebensreise befinden und was unser Platz und unsere Aufgabe ist.

Darum ist die Initiation für Männer so wichtig und stößt auf so große Resonanz. Fünf Tage sind die Teilnehmer zusammen in einer Gruppe, werden in Ritualen und Übungen angeleitet, jeder hat dabei Zeiten für sich oder in der Gruppe. Ob und was dabei passiert, ist ganz unterschiedlich. Wie alle bewusst erlebten rituellen Formate ist auch die Initiation im besten Fall nichts anderes als ein bereitgestellter Raum, um eine eigene Erfahrung zu machen. Das Ritual ist wie ein Türrahmen. Ob jemand hindurchgeht, entscheidet er selbst.

Die Initiation ist eine Chance für die Teilnehmer, einen Blick auf die andere Seite zu erhaschen: Wer bin ich als Mann? Wer bin ich in meiner nächsten Lebensphase? Was ist meine Aufgabe, wofür stehe ich?

Rituale können auch Impulse sein, Lebenslügen und selbst auferlegte Masken zu enttarnen. Ein Initiationsritus kann durchaus ein Angriff auf das Ego sein. Wie in der Natur muss oft erst etwas sterben, damit Neues werden kann. Nur indem etwas Altes verabschiedet wird, kann etwas neu werden.

Sterben, um zu werden – das kann spannend sein, aber auch das bisherige Leben gefährden, weil es möglicherweise alles umwirft, auch wenn sich äußerlich vielleicht nichts verändert hat.

Auch ohne eine eigens inszenierte Initiationsveranstaltung begegnen jedem Menschen im Leben initiatorische Erfahrungen – so wie Stefan es durch seinen Unfall erlebte –, die neue Lebensphasen einläuten oder Übergänge markieren. Die meisten Menschen erleben einen solchen prägenden Angriff auf das eigene Ego nicht vor dem dreißigsten Lebensjahr, geschweige denn, dass sie eine Bilanz ihres bisherigen Lebens ziehen und bewusst in eine neue Phase eintreten. Und genau das passiert bei einer Initiation.

Die MROP-Initiationen sind explizit keine kirchliche Veranstaltung. Aber die Symbolsprache der christlichen Spiritualität findet sich wieder. Ob man das Wort „Gott" scheut oder nicht: Ein wichtiger Teil des Prozesses ist die Anerkennung, dass jeder ein Teil der Schöpfung ist und es nicht darum geht, diese zu beherrschen. Es braucht die Erkenntnis, dass der Mensch nicht das Maß aller Dinge ist und dass es etwas deutlich Größeres gibt. Und sich diesem Größeren anzuvertrauen, ist der größte Schatz.

Rituale können eine Brücke sein, über die man herausfinden kann, welche Bedeutung „das große Ganze" für jeden selbst hat. Viele Teilnehmer beginnen, die Natur als „Erste Bibel Gottes" zu sehen und die Schöpfung als Offenbarung zu erleben, in der alles bereits geschrieben steht. Für manche ändert das die gesamte Weltsicht. Sie fangen an, sich wieder als Teil der Schöpfung anzuerkennen, Verantwortung zu übernehmen und sich in die Einheit der Schöpfung zurück zu fühlen. Die Kraft, das Potenzial, das sich darin birgt, ist gewaltig.

***

Wir sitzen uns gegenüber, schweigen, hängen den eigenen Gedanken nach.

Stefan schaut mich an, Tränen in den Augen und sagt, dass er erlebt hat, wie der Satz „Du kannst nicht tiefer fallen als in Gottes Hände" wahr geworden ist. Er hat in seiner Initiation durch den Unfall die Erfahrung gemacht, unverlierbar geborgen zu sein. Für ihn war es ein göttlicher Moment, als ihm bewusst wurde, dass er so nicht aus der Schöpfung fallen kann.

Durch diese Erkenntnis änderte sich alles für ihn. Vielleicht von außen nicht sichtbar. Aber er weiß, sein Herz und sein Bewusstsein haben für immer eine neue Ausrichtung bekommen. Wie eine Kompassnadel, die eingenordet wird.

Stefan Brombach ist Berater und Coach, Organisationsaufsteller, Logo- und Gestalttherapeut. Seit 2010 arbeitet er in der initiatischen Männerarbeit in der MROP (Men's Rites Of Passage) nach Richard Rohr mit.

Bara Bensch-Schreiter

NICHT MEHR KÄMPFEN

Vor uns erstreckt sich der See. Er schillert smaragdgrün. Auf ihm hat sich ein Algenteppich gebildet, der die gesamte Oberfläche bedeckt. Wenn ein Paddler oder ein Schiff hindurchfährt, bildet sich ein grüner Strudel.

Die Hitze der vergangenen Woche hat die sonst so kühle Talsperre in Mitleidenschaft gezogen. Aus dem Wasser ist eine giftgrüne, mystische Wunderwelt geworden.

Wir beschließen, uns nicht davon ablenken zu lassen, auch wenn damit das Baden in der Talsperre erst einmal ausgeschlossen ist. Stattdessen setzen wir uns auf die kleine Terrasse am Ufer des Sees. Ein paar Meter über uns steht Baras kleine Wochenendhütte, ein Refugium, ein Zufluchtsort. Dieser Ort hat alle Veränderungen der letzten Jahre überdauert. Als Bara ihr altes Leben verließ, hielt sie an diesem Ort dennoch fest. Auch wenn sie die Hütte eine Weile gemieden hat, ist sie nun wieder sehr gern hier. Am liebsten schaut sie aufs Wasser, beobachtet die Bäume auf der anderen Seite oder liest auf der Terrasse. Dass sie wieder hier sein kann, ist ein Zeichen dafür, dass ein schweres Kapitel in ihrem Leben abgeschlossen ist. Dass die Jahre der Veränderungen gute Jahre gewesen sind, kann Bara heute mit Bestimmtheit sagen.

Ihre Geschichte der Veränderung begann in einer Jurte ganz in der Nähe der Zschopau bei der Naturritualbegleiterin Anna Karin Behlke, einer älteren und weisen Frau, die Wochenenden für Jugendliche anbietet, die den Übergang ins Erwachsensein rituell in der Natur begehen wollen. Bara saß mit anderen Eltern in der Jurte und lauschte den Geschichten ihrer und anderer Kinder. Sie war beeindruckt, dass ihre beiden Kinder diese Zeit genutzt haben, um mit Dingen aus ihrer Kindheit abzuschließen und einen neuen Abschnitt zu beginnen. Und noch mehr beeindruckte sie, wie schon nach einer Nacht draußen große Veränderungen in den Kindern vorgegangen sind, sie ermutigende Erfahrungen erlebten, die sie stärker gemacht haben.

Erst ein paar Jahre später macht Bara sich selbst auf den Weg, als sie spürt, dass etwas in ihr vorgeht, das sie nicht einordnen kann. Eine innere Unruhe und Unzufriedenheit haben sie ergriffen. Anfangs versucht sie noch, gegen diese Unruhe anzugehen, doch der Kampf erschöpft sie. Bara, die sonst immer alles einordnen kann, der es leicht fällt, Entscheidungen zu treffen, die bisher jede Schwierigkeit in ihrem Leben gemeistert und jedes Problem gelöst hat. Bara, die Glück und Ehrgeiz gleichermaßen verinnerlicht hat. Die immer, wenn sie kämpfte, auch gewonnen hatte. Bara, die sich erfolgreich in der Männerdomäne der Neurochirurgie behauptet hat, eine glückliche Ehe und ein augenscheinlich erfülltes Leben führt. Sie spürt, dass etwas aus dem Gleichgewicht geraten ist.

Zunächst macht sich Ratlosigkeit in ihr breit. Dann erinnert Bara sich an die Erfahrungen ihrer Kinder und entscheidet sich dafür, ein verlängertes Wochenende bei Anna Karin zu machen und dort eine Nacht draußen zu verbringen.

Obwohl sie jede Minute ihrer Freizeit in der Natur verbringt und immer Aktivurlaub macht, schafft sie es an diesem Wochenende mit ihrem Schlafsack gerade mal bis an den Waldrand. Dort legt sie sich auf den mit Laub bedeckten Boden und schläft die Auszeitnacht durch.

Tagsüber weint sie viel. Schlafen und Weinen, beides ist bis zu diesem Zeitpunkt in dieser Kombination selten in Baras Leben vorgekommen. Es ist für sie eine Erschütterung, sich einzugestehen, dass sie am Ende ihrer Kraft ist. Bara weiß sich nicht anders zu helfen, als sich erst einmal aus dem System zu lösen, in dem sie lebt. Sie trennt sich von ihrem Mann, verlässt alles, was sie sich gemeinsam aufgebaut haben, in der Hoffnung, sich neu sortieren zu können.

Womit Bara nicht gerechnet hatte, war die Wut des verlassenen Systems: Ehemann, Familie und Freundeskreis werfen ihr Verrat vor. In Bara wächst die Schuldfrage. Hat sie die Familie und das System zerstört? Eine riesige Last liegt auf ihr, der Befreiungsschlag scheint sich gegen sie zu wenden. Ihre eigene Intention und ihre Handlungsabsichten werden ihr zunehmend unklarer und verworrener.

***

Angetrieben von der Erfahrung ihrer Auszeit bei Anna Karin und dem Gefühl, vom Wald willkommen geheißen zu sein und dort zur Ruhe zu kommen, beschließt sie, noch einmal eine längere rituelle Zeit in der Natur zu verbringen. Sie meldet sich für eine Visionssuche in Andalusien an. Dort angekommen, sind die Vorbereitungstage in der Gruppe vor der viertägigen Solozeit in der Natur hart für sie. Sie soll ihr Thema, warum sie in die Solozeit geht, mit einem Satz eingrenzen. Doch so sehr sie sich müht, es gelingt ihr nicht, eine für sich selbst passende Absichtserklärung zu formulieren.

Für Bara bricht eine Welt zusammen. Die Frau, die immer einen Plan hat, immer Herrin der Lage ist, immer überall die Beste war, ist die Einzige in der Gruppe, die die Aufgabe und die Erwartungen, die sie an sich selbst gestellt hat, nicht erfüllen kann. Bara fällt in ein Loch, kann sich nicht mehr auf die Auszeit freuen, wird apathisch.

In einem Gespräch mit der Leiterin der Visionssuche nimmt sie langsam für sich an, dass es ihre Aufgabe sein könnte, ohne

ein Motto in die Auszeit zu gehen. Sie versucht zu akzeptieren, dass sie ihre selbstgestellten Erwartungen nicht erfüllen kann.

Zwei Stunden bevor es am frühen Morgen in die Solozeit geht, wacht Bara auf und spricht ihren Leitsatz aus. Er war im Traum gekommen, ohne dass sie sich anstrengen musste. Das Gefühl ist neu. Sie hat den Leitsatz nicht aus eigener Kraft gemacht, sondern wie ein Geschenk im Traum erhalten. Alle Unruhe ist plötzlich verschwunden. Der Drang, allem gerecht zu werden auch.

In diesen grauen Morgenstunden erlebt sie, dass nichts Schlimmes passiert, wenn sie ihre selbst gestellten Anforderungen nicht erfüllt. Sie erkennt, dass sie bis zu dem Zeitpunkt immer aus eigenem Antrieb über die an sie gestellten Anforderungen hinausgegangen ist, sich noch höhere Ziele gesetzt hat, um die Beste zu sein. Bara erkennt an diesem Morgen, dass sie auch ohne all das in dieser Welt willkommen und geliebt ist und ihr Ehrgeiz nichts an der Tatsache verbessert oder verschlechtert hat, dass sie ein wertvoller Mensch ist. Das befreit sie von der Angst, ihre Aufgaben nicht erfüllen zu können. Für diese Erkenntnis und Änderung ihrer Grundeinstellung ist sie von Herzen dankbar und kann nun entspannt und gelassen in die viertägige Auszeit gehen.

In dieser Zeit feiert sie ihre neue Erkenntnis mit Schlafen, Baden, in die Wolken Schauen. Die erwartungsfreie Zeit in der Natur ist für Bara ein einziger Genuss.

Als sie zur Gruppe zurückkehrt, teilt sie ihre Geschichte mit den anderen und erzählt, dass sie die Angst vor ihren eigenen und von außen gestellten Erwartungen verloren hat. Sie kann nun auch entspannt mit den anderen sein.

***

In dem Jahr nach der Visionssuche deckt sie für sich Stück um Stück auf, wo das System des eigenen übersteigerten Anspruches in ihrem Leben gewirkt hat. Sie schaut sich liebevoll noch einmal ihre Beziehungen, ihre Arbeit, ihre Freizeitgestaltung und ihre Ehe an. Dabei wird ihr unter anderem klar, dass sie das Neugewonnene nur halten kann, wenn sie nicht in die alten Strukturen zurückkehrt. So verbringt sie nicht mehr jede Ferien am Berg, sondern kann nun auch einmal entspannt ein Buch lesen oder einfach in die Luft schauen. Sie macht in ihrer neurochirurgischen Praxis keine 12-Stunden-OP Tage mehr, sondern setzt sich ein vernünftiges Limit. Und sie beschließt, nicht mehr in die Ehe zurückzukehren.

Für diese Entscheidung erntet sie Unverständnis. Aber sie ringt nicht mehr darum, dass andere ihre Entscheidungen verstehen. Für Bara ist sie stimmig. Sie folgt ihrem Bauchgefühl, und es fühlt sich neu und gut an. Von dem ersten Moment an, als sie die innere Unruhe bemerkte, bis zu dem guten Bauchgefühl sind zwei Jahre vergangen. Es ist eine neue Ruhe eingekehrt in ihr Leben. Und anders als früher muss sie der Ruhe nicht mit Aktionismus begegnen, sondern kann sie genießen.

Bara entdeckt mehr und mehr neue Seiten an sich. Sie tut nur noch die Dinge, bei denen sie keine sinnlose Energie verschwendet, indem sie kämpft. Sie lernt Dinge zu bewegen – ohne Kampf. Und sie entdeckt Gelassenheit und die Kunst, Dinge auch mal stehen zu lassen. Sie hat keine Angst mehr, sich verletzlich zu zeigen, weicher zu sein. Das heilt die Beziehung zu ihren Kindern und verändert ihren Umgang mit Patienten. Sie ist offener und sensibler.

Auch in der Natur bewegt Bara sich anders. Auch diese muss nicht mehr bekämpft oder bezwungen werden. Sie muss nicht mehr in der Natur aktiv sein, sondern kann sich von der Stille und dem Grün umhüllen lassen.

Für Bara ist die Natur vor allem ein Ort der Harmonie und der Feierlichkeit geworden, dem etwas Großes innewohnt. Sie, die Naturwissenschaftlerin ist und keine religiöse Prägung hat, beschreibt die Zeit der Visionssuche als eine Zeit der feierlichen Demut und Ehrfurcht in der Natur, bei der sie zu Gast sein darf. Jedes Gewitter oder Schneegestöber zeigt ihr heute, dass wir Menschen nicht unverletzbar und unbesiegbar sind, sondern eingebettet in das große Ganze des Lebens. Das ist für Bara eine fast religiöse Erfahrung, da sie anerkennt, dass es etwas gibt, das größer ist als sie.

Für Bara war die Visionssuche der größte Beitrag zu ihrem Weg aus der Krise. Sie half ihr anzuerkennen, dass sie ihr Leben nicht kontrollieren kann. Sie kann gelassen sein, muss nicht mehr kämpfen und siegen, sondern hat begonnen, von Herzen zu genießen.

Am Ende unserer zweitägigen Zeit an der Talsperre Kriebstein zieht ein Gewitter auf, es wird kühler. Die smaragdgrüne, trübe Decke auf dem See beginnt sich abzusenken und fließt langsam ab. Der See wird wieder zum See. Wir verabschieden uns von einem wunderbaren Ort.

Bara Bensch-Schreiter arbeitet in Mittweida als Neurochirurgin in eigener Praxis. Sie lebt in Chemnitz und engagiert sich dort in einem Demokratieprojekt.

Jörg Keffel

EIN HERZ AUS STEIN

Es ist Sonntag morgens um 8:00 Uhr.
Ich koche eine Kanne
schwarzen Tee für Jörg und einen
Kaffee für mich.

Die Wanderschuhe stehen bereit, die Kamera daneben. Gleich wird Jörg mich besuchen, wir werden frühstücken und reden, um dann in die Wüste zu fahren. Wüste?

Es ist nicht leicht, wüste Orte in Deutschland zu finden. Heute werden wir in einem Steinbruch im östlichen Ruhrgebiet sein, um Bilder in einem Geröllfeld aus Sandstein zu machen. Es soll aussehen wie die Wüste Negev, gelbsandig, klobig, steinig. Nach Israel zu fliegen, das halten unsere Kalender und die ökologischen Fußabdrücke nicht aus. Das Genehmigungsverfahren für den Steinbruch war aufwändig, wir werden nur wenig Zeit für die Fotos haben und uns einer Gruppe Menschen anschließen müssen, die Fossilien sammeln. Dennoch sind wir gut gelaunt. Der Tag wird heiß werden. Alles, was wir brauchen liegt, bereit.

Es schellt, Jörg ist da. Seine Geschichte ist die einer Wüstenerfahrung. Ein Ort, der unwirtlicher nicht sein könnte, an dem Menschen nicht überleben können – aber an dem Jörg die Erfahrung macht, dass er richtig und willkommen ist und sich selbst besser zu verstehen lernt.

Sich selbst verstehen, ergründen, wie er wirklich ist, das ist ein Wunsch, der Jörg seit der Pubertät begleitet. Er sucht vor allem Gespräche mit Menschen, die älter sind als er, die mehr Lebenserfahrung haben. Er möchte sich durchschauen, übt Selbstreflexion. Im Verlauf der Jahre weiten sich die Fragen aus; er möchte nicht nur sich selbst verstehen, sondern auch andere, ihr Handeln und ihre Persönlichkeit begreifen.

Antworten sucht er auch in der Kirche. Eingebettet in eine starke kirchliche Jugendarbeit glaubt Jörg daran, dass es einen Gott gibt. Auch wenn die Anbindung an die Gemeinde stärkend ist, fehlt ihm dort Echtheit und Tiefe. Er sucht nach Literatur, die den Dingen auf den Grund geht, und liest sich durch eine ganze Palette von Büchern, bei denen es um authentisches Leben und unverfälschtes Christsein geht. Unter anderem auch „Der wilde Mann" von Richard Rohr.

Als 2009 das erste Initiationsritual von Richard Rohr in Deutschland stattfindet, nimmt Jörg daran teil. Heute sagt er, dass es genau das war, was er gebraucht hat, um der manipulativen Enge seiner Gemeinde zu entkommen und sich den Fragen zu nähern „Wer bin ich eigentlich und was glaube ich? Was sind meine eigenen Erfahrungen? Vertraue ich weiter den auswendig gelernten Richtigkeiten?"

***

Mit dem Initiationsritual macht er eine ganz neue Erfahrung, die mit der Natur zu tun hat und keine intellektuelle Auseinandersetzung mit seinen Fragen ist. Er erlebt eine andere, sinnliche Art der Annäherung an seine Themen, mitten im Raum der Natur. Er erinnert sich daran, wie er schon als kleiner Junge in die Welt des Waldes eintauchte, täglich dort spielen ging und die Natur als ein echtes Zuhause erlebte.

Diese Erinnerung an die damalige

Verbindung und die neue Erfahrung der Initiation nimmt Jörg mit in seinen Alltag. Er wechselt die Gemeinde und trifft auf Menschen, mit denen er seine Fragen teilen kann, auch wenn der Alltag mit Familie und der Beruf als Arzt ihn vollkommen ausfüllen. Jörg entdeckt das Buch „Soulcraft" von Bill Plotkin. Dieses Buch ist ein Türöffner und Ermutiger für ihn, die Natur als Resonanzraum tiefer zu erfahren. Kurz darauf meldet er sich zu einem verkürzten Visionssucheformat, einer „Soulcraft Intensive Week" in Israel an. Er ist der einzige Deutsche unter Israelis, die oder deren Familien die Shoa überlebt haben oder die einfach Vorbehalte gegenüber „dem Deutschen" haben.

Jörg macht die intensive, aber auch sehr bedrückende Erfahrung, ein Fremdkörper zu sein. Ein Satz, den er in seinem Leben immer wieder gehört hat, gewinnt ungeahnte Kraft. Schon während der Initiation war er ein Thema, nun kann er dem Satz nicht mehr ausweichen, der sich in ihm wie ein Geschwür festsetzt: „Du gehörst nicht dazu."

Der Satz ist ein Schlag in die Magengrube. Sofort steigen weitere Szenen aus seinem Leben in ihm auf, in denen er genau diese Erfahrung machte, nicht ganz willkommen zu sein, nicht dazuzugehören. Über seiner ganzen Zeit in Israel steht plötzlich dieser Satz: „Du gehörst nicht dazu".

Jörg versucht das Beste aus der Woche herauszuholen, wird aber von dem Satz immer wieder eingeholt. Auf der Suche

nach einen Platz, an dem er allein die Nacht verbringen soll, wird ihm überdeutlich klar: Wenn man nirgends hingehört, dann findet man auch keinen „Platz". Den ganzen Tag irrt er herum, läuft Berge und Täler in der Wüste ab, sucht Höhlen und verlässt sie wieder. Nichts passt für ihn. Entweder erscheint es zu unsicher, oder jemand hat den Platz bereits besetzt.

Inzwischen ist es mitten in der Nacht. Kälte, Erschöpfung und Frustration lassen ihn kapitulieren. An einer Stelle, an der nicht so viele Steine und Felsbrocken herumliegen, rollt Jörg seine Matte aus und legt sich schlafen. Die Ereignisse des Tages begleiten ihn noch in seinen Träumen.

Als die Sonne sich am Horizont zeigt, wacht er auf. Verwundert schaut er sich um, steht auf und betrachtet seinen Schlafplatz genauer. Seine Matte liegt inmitten eines aus Steinen gelegten Herzens! Jemand muss vor ihm an der Stelle den Platz frei geräumt und das Steinherz gelegt haben. Jörg muss lachen und ist gleichzeitig betroffen.

Als er zurück im Lager die Geschichte mit den anderen teilt, beginnt er zu begreifen, welche Bedeutung seine jüngste Erfahrung für den Satz:„Ich gehöre nicht dazu“ hat. Er erkennt, dass ihm in der Natur ein Platz bereitet war, an dem er willkommen war. Er begreift, dass das Herz aus Stein sein wundes Herz erreicht. In ihm breitet sich eine Erkenntnis aus: „Doch, du hast hier einen Platz, du gehörst dazu.“

Als seine Geschichte fertig erzählt ist, ändert sich auch etwas in der Gruppe. Die, die vorher feindselig waren, kommen auf ihn zu und sagen ihm, dass er willkommen ist und von jetzt an ein Zuhause in Israel hat. Diese Erfahrung ist nicht nur eine Heilung einer alten Wunde in Jörg. Es ist auch eine Erfahrung, die über Grenzen hinaus Versöhnung bringt.

***

Nach der Visionssuche macht sich ein neues Grundgefühl in Jörg breit. Eine ganz tiefe Gewissheit in ihm, dass er eine grundsätzliche Dazugehörigkeit in der Welt hat. Eine Sicherheit, die auch Bestand hat, wenn ihn Leute ausgrenzen. Das tut weh, relativiert sich aber durch die neue Gewissheit: „Ich habe meinen Platz in der Welt“. Etwas hat sich grundlegend in ihm verändert.

Seine neue tiefe Zugehörigkeit zu dieser Erde, zu diesem Planeten bringt eine neue Standfestigkeit in ihn und damit weitere große Veränderungen: Jörg wird klar, dass sein Leben anders verlaufen soll, als es das bisher tat. Wie ein weiteres Geschenk erscheint es Jörg, als er nach der Veranstaltung vier Tage länger in Israel bleiben muss, da der gesamte europäische Flugverkehr wegen einer Vulkaneruption eingestellt wurde. Er kann sich Zeit nehmen, alles nachwirken zu lassen, und fällt dann die Entscheidung, dass er seine Arbeitsstelle in der Pharmaindustrie verlassen wird, sein Ehrenamt in der Seelsorge professionalisieren und seinen Facharzt in Psychotherapie machen will. Er möchte wieder näher mit Menschen arbeiten und beschließt auch, die Naturarbeit besser kennenzulernen.

Die Zeit in Israel verändert auch Jörgs Glauben, seine Spiritualität und sein Gottesbild nachhaltig. Er beschließt, eine Ausbildung zum Visionssucheleiter zu machen, die auch immer wieder Auseinandersetzungen mit seinen eigenen Themen bewirkt. Er entdeckt die Sprache der Schöpfung als Sprache Gottes für sich. Sie spricht seine ureigene Spiritualität an, den Wesenskern in ihm, seinen Ursprung, den er in Gott findet.

Je tiefer er in den Spiegel der Natur schaut, umso mehr lernt er über sich und über das Menschsein. Diese Art von Spiegel, die die Natur ihm hinhält, ist ein hilfreiches und einzigartiges Instrument. In ihr findet Jörg ein aktives Gegenüber – für ihn ist es Gott. Endlich erlebt er, was Bibellesen und Meditation nicht erreicht haben. Auch wenn zwischen der Gottesvorstellung in seiner Jugend und dem Erleben in der Natur Welten zu liegen scheinen. Die personelle, auf Jesus Christus fokussierte Vorstellung eines Freundes an der Seite, mit dem alles gelingt, erweitert sich zu der, dass Gott in allen Dingen zu finden ist. So wie in der Bibel in den ersten Worten des Johannesevangeliums Gott als Ursprung allen Seins beschrieben wird, als Anfang vor allem anderen.

Jörgs Naturerfahrung ermöglicht es ihm auch, ungeklärte Fragen auszuhalten und offen zu lassen. In den Nächten unter dem Sternenhimmel begreift er, dass sich die Welt und auch der Glaube nicht mehr um ihn dreht, sondern dass er ein Teil des ganzen Kosmos ist und er sich um das Ganze mitdreht. Er gewinnt einen demütigeren Blick und die Erkenntnis, dass es um einen Dialog mit dem geht, der den Kosmos schuf.

Auch seine jugendliche Gottesvorstellung ist eben nur ein Bild von Gott gewesen, und Jörg versteht neu, warum es im christlichen Glauben die Aufforderung gibt, sich kein Bild von Gott zu machen. Denn mit den neuen Erfahrungen mit Gott ändert sich auch die Vorstellung und erweitert sich für Neues, für andere Horizonte.

Besonders wird das für Jörg an der Art deutlich, wie er betet. Früher bat er Gott darum, dass er dieses oder jenes tun möge. Die Erfahrungen in der Natur lassen ihn nun vor allem erst einmal schweigen.

Langsam entwickelt sich mit dem staunenden Erleben über das göttliche Wirken in der Natur so etwas wie ein inneres Gebet in Form von Dank. Wo immer Jörg Gottes Wirken bewusst wird, dankt er.

Ihm werden die Kreisläufe des Lebens bewusster, und dabei entdeckt er die alte biblische Weisheit neu, dass alles seine Zeit hat. Jedes Ding hat seinen Platz im Zyklus des Lebens, und nicht immer ist alles möglich. Es gibt natürliche Pausenzeiten, und es muss nicht immer alles funktionieren. In der Natur gehören die Ruhezeiten wie der Winter existentiell dazu, um in der warmen Jahreszeit kraftvoll leben zu können.

Diesen Wechsel von produktiven und nicht produktiven Zeiten anzunehmen ist ein großer Gewinn für Jörg. Heute lässt er in seiner psychotherapeutischen Praxis seine Klienten gern kleine Aufgaben in der Natur erfüllen. Der Kontakt mit der Natur ist dabei manchmal wie ein Fenster, das in den Klienten etwas öffnet und echte Veränderung bewirkt.

***

Im Steinbruch ist es heiß. Die Sonne brennt, der Wind ist warm und schenkt uns tatsächlich ein Stück Wüstenerfahrung. Jörg und ich machen ein paar Bilder und erzählen uns gegenseitig von unseren Erfahrungen, während die Gruppe Stein für Stein umdreht und Fossilien sammelt.

Am Abend erreicht mich eine Nachricht von ihm: „Es ist gut, seine Geschichte zu teilen."

Jörg Keffel arbeitet als Psychotherapeut und Notarzt in Mülheim an der Ruhr. Er leitet im Rahmen der Nordelbischen Kirche Visionssuchen.

Simone Böcker

ALLES HAT SEINE ORDNUNG, AUCH DIE WILDNIS

Wir stehen auf einem alten Friedhof in Berlin.
Ein Ort, an dem Menschen heute
picknicken oder lesen –
oder Kräuter sammeln wie Simone.

Sie steht inmitten eines Beifußfeldes. Die Pflanzen reichen ihr bis an das Kinn. Wie ein dichter Wald umschließt das Kraut die zierliche Frau. Der Wind weht durch die Blätter und verbreitet den typischen würzigen Geruch. Simone hat sich einen kleinen Strauß gepflückt, zerreibt die Samen der Wunderpflanze zwischen den Fingern und atmet den Duft tief ein.

Eine passendere Pflanze hätten wir heute nicht auswählen können. Beifuß, auf Latein *artemisia vulgaris,* geweiht der gleichnamigen griechischen Göttin des Waldes, ist eine der wichtigsten Pflanzen in der Kräuterheilkunde unserer Vorfahren. Sie hat rituelle und mystische Bedeutung, verkörpert sie doch die Verbindung der Menschen zur Erde. Beifuß wird auch das „Reisekraut“ genannt, das zwischen den Welten verbindet, auch zwischen dem profan Sichtbaren und dem mystischen Unsichtbaren. Es ist das Kraut der Wanderer, vertreibt es doch die Müdigkeit in den Beinen, wenn man sie damit einreibt.

Das Kraut passt so gut zu Simone, weil sie ihm ähnlich ist: Sie ist eine, die ständig unterwegs ist. Sie ist schon viel herumgekommen in der Welt. Und eine, die die Wirkkraft der Kräuter kennt und um deren spirituelle Bedeutung weiß. Ihre Geschichte handelt von der Liebe zur Erde und dem Wissen, dass Pflanzen besondere Geschöpfe sind, von denen es viel zu lernen gibt. Ihre Geschichte handelt auch von Heimat und Wurzeln.

***

Simone und ich haben uns vor Jahren in einem Kräuterkurs kennengelernt. Wir haben es geschafft, Kontakt zu halten. Nach dem Beifußsammeln sitzen wir bei einem Kaffee in ihrer kleinen Berliner Wohnung. Altbau, Doppelfenster, hohe Decken. Überall stehen und hängen Kräuter oder Trockensträuße, selbsthergestellte Sachen aus wilden Pflanzen. Daneben eine Produktsammlung vieler kräuteraffiner Kollegen und Erzeuger, denn Simone vertreibt „unkultivierte“ Leckereien. Alles muss natürlich gleich probiert werden, und so dauert es ein bisschen, ehe ich mit meinen Fragen beginne.

Simones Liebe zu den Pflanzen speist sich aus einer Kindheit, in der sie die Wälder erforschte. Sie liebte das Gefühl von Freiheit und Geborgenheit dort. Als Erwachsene ist sie darum viel auf Wanderwegen unterwegs, erlebt überwältigende Glücksmomente beim Betrachten der unfassbaren Schönheit der Natur. Simone ist keine Frau, die ihre Gefühle deutlich ausdrückt, aber wenn sie auf einem Berg steht, so sagt sie, dann kann sie die Tränen der Faszination und des Glücks nicht mehr zurückhalten. Die Natur zu beobachten führt sie in eine wohlige Selbstvergessenheit. In solchen Momenten fühlt sie sich als Teil der ganzen Schöpfung.

Auf ihren langen Wanderungen erwachte schon früh in ihr die Neugier, die Pflanzen an den Wegrändern bestimmen zu können. Doch erst im Zweitstudium an der *Slow Food Universität* in Italien gewinnt sie einen tieferen Zugang zu Pflanzen. Das

Bestimmen der Pflanzen und das Wissen um deren Heilkraft und Anwendung ist nur ein kleiner Teil dessen, was es zu entdecken gibt. Es ist für sie wie eine Offenbarung, als sie während des Studiums erfährt, dass die meisten Wildpflanzen essbar sind. Eine neue Welt erschließt sich ihr.

Begeistert probiert sie eine Menge Rezepte aus. Nicht nur ihr Geschmackserleben, sondern auch Simones Speiseplan verändert sich. Sie genießt es, Alternativen zu industriellem Essen kennenzulernen. Es ist wie ein Rausch, dem sie sich hingibt. Dabei spürt sie, dass eine Beziehung entsteht: Die grüne Masse der Pflanzen wird für sie konkreter und differenziert sich aus. Sie betrachtet sie anders. Irgendwie beginnt ein freundschaftliches Verhältnis zu den Gewächsen. Simone bekommt eine Ahnung davon, welch tiefe Beziehung Menschen und die Flora haben. Die einfache Freude über die Pflanzen rührt etwas Tiefes, Ursprüngliches in ihr an. Sie zu beobachten beruhigt sie, zwischen ihnen fühlt sie sich aufgehoben. Es ist eine Verbundenheit, die, wie sie vermutet, schon unsere Vorfahren kannten.

Simone sagt lachend, dass die Beziehung der Pflanzen zu den Menschen wohl die älteste Beziehung überhaupt sein muss. Im Verlauf ihrer Sammelleidenschaft stellt sie fest, dass es ihr gut tut, nicht die breite Masse von allem zu nehmen, sondern sich mit wenigen Pflanzen intensiv zu beschäftigen und Erfahrungen zu sammeln statt Wissen. Es rührt in ihr etwas Tiefes an, wenn sie sich den Pflanzen nähert, und sie beginnt zu ahnen, dass auch diese vielfältigen Überlebenskünstler ihre eigene Sprache und ihren Ausdruck haben, als wohne eine Persönlichkeit in ihnen.

Simone erlebt an einem Ritualtag in der Natur, dass sie mit Pflanzen in direkte Kommunikation treten kann. Es ist ein neues Feld für sie, sie wird wieder eine Lernende und ist überrascht, dass sie von einer Pflanze inspiriert werden kann.

***

In der Auszeit an diesem Tag sucht Simone einen Ort an einem Waldrand aus. Sie möchte unter großen Bäumen sitzen und den Ausblick genießen, doch nirgends scheint es einen Platz zu geben, an dem sie entspannt sitzen kann, denn alles ist von wilden Brombeeren überwuchert. Sie setzt sich am Rand der Hecke hin, ist zunächst genervt von der Pflanze, von ihrer Massivität und Verzweigtheit. Simone verfängt sich an diesem Tag nicht nur einmal in den Dornen der Brombeeren. Statt sich einen anderen Platz zu suchen, beschließt sie jedoch, in Resonanz mit der Pflanze zu gehen, sich das rankige Gestrüpp genauer anzusehen, das überall neu auswurzeln kann.

Die Bäume daneben sind ein großer Gegensatz mit ihren tiefen, starken Wurzeln. Simone entdeckt darin ihr Lebensthema, eine Antwort auf die Frage: „Wo gehöre ich hin?“. Keine starke Verwurzelung zu haben wie ein Baum, dieses Gefühl hat Simone und es verunsichert sie. Die Brombeeren zu betrachten und zu sehen, dass ein Geschöpf auch viele kleinere, kürzere Wurzeln haben kann, verblüfft sie. Sie entdeckt an der Brombeerhecke an diesem Vormittag eine ihrer eigenen Stärken: dass sie sich ausbreiten und ein Netzwerk formen kann.

Simone merkt: Sie ist nicht wie ein Baum mit einer starken, tiefgehenden einzelnen Wurzel. Sie ist eher wie eine Brombeere, die überall und sofort Fuß fassen kann, sich anpassen kann, immer neuen Grund unter den Füßen findet. Das hat auch Simone oft erlebt. Jeder Ort, an dem sie bisher wohnte, konnte ihre Heimat werden, bot ihr Wurzelgrund, um sich auszubreiten und durch Vernetzung Stärke zu gewinnen. Und überall hinterließ sie ihre Spuren.

Diese Analogie, die sie in der Natur findet, lässt sie neu erkennen, dass es viele Wege gibt, wie das Leben gelebt werden kann. Simone versöhnt sich mit der eigenen Heimatlosigkeit. Sie sei wohl ein Wandervogel, sagt sie lachend zu mir.

An diesem Tag an der Brombeerhecke entdeckt Simone auch eine spirituelle Dimension in der Kommunikation mit den Pflanzen. Sie verkörpern für sie den gesamten Kreislauf des Lebens mit Wachsen, Blühen, Frucht bringen und Vergehen. Ein gutes Bild dafür, wie das Leben funktioniert. Simone erforscht, wie das Netzwerk der Pflanzen funktioniert, welcher Geist, welche Energie den Pflanzen innewohnt. Die Pflanzen sind für Simone ein

Zugang zu dieser Energie, dieser Urkraft, der Lebenskraft per se.

Pflanzen strahlen mit jeder Faser unmittelbar erfahrbare Lebensenergie aus. Für Simone ist diese mysteriöse, göttliche Kraft, die nicht nur die Pflanze, sondern die ganze Welt bewegt, Gott. Auch wenn sie keinen konventionell kirchlich geprägten, personifizierten oder moralischen Gottesbegriff meint, benutzt sie das Wort für diese Verkörperung von Liebe, Kraft, Vielfalt, Struktur und Ordnung. Sie nennt Gott eine spielerische Kraft, die sich kreativ auslebt, Freude an dem schöpferischen Prozess hat, an der Fülle, die in Energie die in jedem Wesen wohnt.

Woher kommt diese Kraft, was ist die Quelle dieser Energie, fragt sie sich? Was ist dieses absolute Bewusstsein, das in allem steckt, was lebt? Simone ahnt, dass alle Lebewesen diese Energie in sich haben, aber auch zusammengenommen diese Energie sind und dadurch miteinander verbunden sind. Alle tragen einen göttlichen Kern in sich, erneuernde, lebensspendende Kraft, eine alles verbindende Liebe. Dieser Liebe kann es nicht um Regeln oder Moral gehen, da ist Simone sicher, sondern um das Leben selbst, um Güte, Zugewandtheit, Teilen, Einssein. Und die Pflanzen spiegeln genau das: ein System, das in Harmonie, in Einklang, im Miteinander ist.

Die Welt der Pflanzen ist eine perfekte Symbiose, bei der alles aufeinander ein- und abgestimmt ist. Die vollkommene Schöpfung, bei der jeder Versuch des Menschen, sie zu beeinflussen und nach seinen Vorstellungen zu formen, das Gleichgewicht ins Wanken bringt. Für uns Menschen geht es wohl auch darum, die Kontrolle über das Unkultivierte aufzugeben, uns selbst der Wildheit anzuvertrauen und respektvoll zu glauben, dass diese Energie der Liebe ausreicht, weil sie das Leben selbst ist.

Simone Böcker schlägt ihre Wurzeln überall. Manchmal in Berlin. Manchmal in Spanien. Manchmal in England. Manchmal in Bulgarien. Sie ist Journalistin und Food-Expertin und vertreibt mit ihrem kleinen Bauchladen „UNKULTIVIERT“ wilde Erzeugnisse.

Joerg Urbschat

VOM IDIOTEN ZUM MENSCHEN

Zwanzig Minuten vom Bahnhof
Hamburg-Harburg entfernt stehen wir
auf einem Deich an der Elbe.
Vor uns erstrecken sich die Arme
des Flusses.

Schiffe geben Signale auf dem Weg zum Hamburger Hafen. Sandbänke, Inseln, bewachsen mit Gestrüpp und Weiden, weicher Sand. Die Einsamkeit so nah der Stadt überrascht mich. Hamburg ist in weite Ferne gerückt. Der Wind pfeift mir scharf um die Ohren und lässt die Haut erstarren. Es ist so kalt, dass die Haut an den Händen rau wird.

Der Hund ist schon weitergelaufen, ihm scheint die Kälte nichts auszumachen. Wir laufen den Deich hinab auf eine der Halbinseln. Durch das Schilf führt ein kleiner Trampelpfad ans Elbufer. Der Boden ist matschig und endet jäh auf sandigem Strand. Die Flut setzt gerade ein und bedeckt die Sandbänke langsam wieder mit Wasser. Lange können wir uns das Schauspiel nicht ansehen, denn die Kälte zieht durch alle Schichten der Kleidung. Dennoch genießen wir den Blick, die Aussicht, die Schönheit dieses Ortes. Auch wenn es erst Frühjahr ist, kündigt helles Licht bereits den Sommer an. Der Sand reflektiert es und blendet uns. Dennoch setzen wir uns hin und schauen auf das Wasser. Der Hund rennt zunächst aufgeregt um Joerg herum, setzt sich dann aber zu ihm und schaut auf das Wasser.

Dieser Strand ist ein heiliger Ort für Joerg. Hierher kommt er, um zu beten und zu meditieren, mit Weitblick und Ruhe. Hier kann Gott zu ihm sprechen. Ein Ort, an dem alle anderen Stimmen schweigen. Der Alltag einmal draußen bleiben kann.

Wenn Joerg am Strand der Elbe sitzt und auch der Hund im Sand liegt, erlebt er die tiefsten Momente persönlicher Einkehr. Manchmal sitzt er nur da und atmet ein und aus. Das sei auch wie ein Gebet, sagt er. Beten ist eben nichts, was sich sein Verstand ausdenkt.

Die schneidende Kälte und verlockende Gedanken an ein warmes Feuer beenden die Zeit am Elbufer, und wir fahren zurück in das „Bull House", wie Joerg es nennt, das Haus, in dem er wohnt, in dem kleinen Ort Bullenhausen. In einem Büro setzen wir uns vor dem Holzofen auf ein rotes Sofa und genießen heißen Kaffee. Rocky, der Hund, kuschelt sich auf unsere Füße und wärmt sie. Joerg entzündet eine Räucherschale. So sitzen wir im Dunst des Salbeirauches, als ich ihn danach frage, wie sein Weg bis hierher war und wie er die Natur als Raum für die Gottesbegegnung entdeckt hat.

***

Joerg beginnt von einem Weg voller Brüche und Umwege zu erzählen, und von einer Suche, immer geleitet von den Fragen: „Wofür bin ich auf der Welt? Was ist meine Aufgabe? Wozu bin ich berufen?"

Ohne jede kirchliche Vorprägung erlebte Joerg als Teenager zum ersten Mal einen Gottesdienst einer freien Gemeinde, bei dem er das Gefühl hatte, ein Gott, eine höhere Macht ist anwesend. Es war, als hätte jemand in seinem Herzen einen Gong geschlagen. Ohne dass er vorher irgendeine Vorstellung davon gehabt hatte, entstand in ihm zum ersten Mal das Gefühl: Gott ist da und er ist ein Gegenüber.

Joerg bat diesen Gott darum, sich ihm zu zeigen und sich bemerkbar zu machen. Er schmunzelt, denn heute ist ihm klar, wie kraftvoll dieses Gebet war und was es in Gang setzte. Seine Taufe in dieser Gemeinde nennt er den ersten Schritt, den ersten Wendepunkt in seinem Leben. Die Taufe ist für ihn ein starkes Symbol: untertauchen und als neuer Mensch auftauchen. Die dadurch entstehende Zugehörigkeit zu einer Gemeinschaft stärkt ihn und gibt ihm später die Kraft, als junger Mann den Kriegsdienst zu verweigern.

Heute beschreibt Joerg seine Taufe als einen Seitenwechsel ohne Rückkehroption, sein Leben ändert sich dadurch entscheidend. Es ist wie ein Bruch mit der alten Welt, der sich aber gut anfühlt. Für ihn folgt nach der Schule statt des von den Eltern gewünschten Medizinstudiums ein Theologiestudium. Er stellt viele Fragen, für ihn ist wenig selbstverständlich. Durch die Literatur, die Auslegungen, die Sprachen muss er sich durchbeißen.

Er heiratet und beginnt in einer Gemeinde zu arbeiten. Die Ehe scheitert. Joerg ist zu dem Zeitpunkt 30 Jahre alt und zum ersten Mal zutiefst in seinem Weltbild erschüttert. Alles, was er sich bis zu diesem Punkt aufgebaut hatte, ist in Frage gestellt. Die Welt, wie er sie sich bisher erklärte, hält nicht mehr. Er kämpft und ringt, kommt damit fast nicht zurecht.

Als Folge beendet er seine Arbeit und verlässt die Gemeinschaft. Er studiert noch einmal, diesmal Betriebswirtschaft, und beginnt nebenbei in einem Sterbehaus zu arbeiten. Die Arbeit dort stellt seine bisherige Frömmigkeit zutiefst in Frage. Es fällt ihm schwer, weiter zu glauben, was er vorher geglaubt hatte: Zum Beispiel, dass man nur beten und genug glauben müsse, dann würden Menschen gesund werden. Seine Alltagsrealität erzählt etwas anderes.

Er flieht in die Stille, um zu spüren, ob und wie sich sein Glaube neu zusammensetzt, und entdeckt das kontemplative Gebet. Auf unerklärliche Weise erfährt er, dass Gott in ihm wohnt. Gott ist da. Gott verlässt ihn nicht. Diese Erkenntnis beschreibt Joerg als die zweite heilige Erfahrung in seinem Leben, nach seiner Taufe: Gott ist dir ein Gegenüber und Gott ist auch in dir, Gott ist trotz allem da.

Diese neu gewonnene Erkenntnis heilt Wundem in ihm. Er findet eine

Weggefährtin und heiratet erneut. Mit ihr möchte er gern eine Familie gründen und erlebt schmerzhaft durch Fehlgeburten und schließlich die erlösende Geburt seines Sohnes, dass sie beide keine Macht über das Leben haben. Trauer und Ohnmacht treiben ihn dazu an, weiter zu suchen.

***

Joerg beginnt, theologische Literatur außerhalb seines bisherigen Horizontes zu lesen, und stößt auf den amerikanischen Franziskanerpater Richard Rohr, der über Männer und Spiritualität schreibt. Joerg ist so fasziniert von Rohrs Gedanken, dass er sich entschließt, ein Seminar bei ihm in den USA zu besuchen, in dem es um die Identität als Mann geht.

Heute sagt Joerg, dass dieses Erlebnis genau zum richtigen Zeitpunkt kam. Er führt eine tiefe Auseinandersetzung mit seinen bisherigen Konzepten von Mannsein, Macht, Stärke, Leben und Einfluss und empfindet es als wichtigen Schritt zu seiner „Menschwerdung".

Die Frage danach, wo sein Platz und was seine Aufgabe im Leben ist, beschäftigt ihn in dem darauf folgenden Jahr weiter. Schließlich nimmt er an einer Visionssuche teil, um dieser Frage endlich auf den Grund zu gehen.

Diese Erfahrung ist ein weiterer wichtiger Wendepunkt in seinem Leben und ein nachhaltiges Lehrstück. Wie in jeder Visionssuche ist es die erste Aufgabe für den Teilnehmer, einen Platz zu finden, an dem er seine heilige Auszeit in der Natur verbringen wird. Joerg findet keinen Ort, der für ihn passend scheint. Er irrt den ganzen Tag umher, versucht, diese Aufgabe durch planvolles Vorgehen zu lösen. Das, was ihn bisher immer weiter gebracht hat – Logik, Verstehen, Systematik, Schlussfolgerungen – hilft ihm jetzt nicht.

Schließlich setzt er sich auf einen Steinhaufen mitten im Wald und beschließt trotzig, dass dies sein Ort werden wird. Zu allem Überfluss kippt sein Rucksack auf diesem Steinhaufen aus. Mühevoll sammelte er alles wieder ein. Zu seiner Verwunderung entdeckt er dabei ein vermeintliches Stück Plastikschlauch und erkennt erst später, dass es eine Schlangenhaut ist. Sie ist wie ein beredtes Zeichen dafür, worum es in seiner Visionssuche geht. Ein Symbol dafür, dass ihm sein bisheriges Leben zu klein geworden ist und es Zeit ist, diese alte Haut abzustreifen.

Diese Tierbegegnung hat für Joerg eine besondere Kraft und gibt ihm den Mut, das Alte loszulassen. Und auch dazu, das Leben und die Natur so zu nehmen, wie sie sind.

An dem Platz, den er dann doch endlich noch findet, richtet sich Joerg mit einer Plane, dem Schlafsack, Tagebuch, Wasser und Isomatte häuslich ein. Er möchte in seinen drei Tagen Auszeit Tieren begegnen und „echt was erleben".

In den ersten Stunden erlebt er allerdings vor allem seine eigene Schwäche. Er, der sonst immer der Macher, der Anpacker ist, ist gezwungen, ganz bei sich zu bleiben, nichts zu planen, nichts zu tun, sondern einfach nur an seinem Platz zu sein. Er kriecht tief in seinen Schlafsack, liegt auf der Erde, kann nichts machen. Sein Kreislauf ist schwach, er schafft es nicht einmal aufzustehen und beginnt sich Vorwürfe zu machen, dass er die Zeit nicht gut nutzt.

Doch die drei Tage in seinem Schlafsack verhelfen ihm zu der Erkenntnis, dass er diese Schwäche zulassen, ja sie in sein Leben einladen kann. Er erlebt, dass es nicht um ihn und seine Stärke geht. Um das, was er alles kann und schafft. Dass er nicht über alles in seinem Leben Kontrolle hat. Mit dieser Erkenntnis kehrt die Kraft zurück. Sie macht ihn zu einem anderen Menschen, zu jemandem, der die alte Haut der Kontrolle abstreift und die Hände für neue Erfahrungen öffnen kann. Demütiger, offener für das Leben, das sich vor ihm ausbreitet. Er beschließt, es sich schenken zu lassen, statt es sich zu nehmen.

***

Für Joerg beginnt damit auch eine Veränderung seiner Spiritualität und seiner Wahrnehmung von Gott. Im Raum der Natur bekommt er einen neuen Draht zu Gott. Er lernt eine neue Art der Seelensprache kennen, eine neue Bilderwelt, eine neue Art, den heiligen Geist zu erleben. Gott wird für ihn dadurch spürbarer, aber gleichzeitig auch noch mehr zum Geheimnis, noch etwas unfassbarer, noch größer.

Langsam beginnt Joerg sich damit anzufreunden, dass Gott nicht zu begreifen ist. Seine Vorstellung von Gott ist nicht mehr in Stein gemeißelt, sie entwickelt sich weiter, und das ist auch letztlich der Grund, warum er Christ geblieben ist: „Das ist ein Gott, der mir ein Gegenüber ist, und hinter diesem Gott ist das Universum. Gott ist ein Geheimnis und er ist gleichzeitig auch in mich hineingewoben. Gott ist so sehr in mir drin, Gott ist in den Zwischenräumen des Weltalls, zwischen den Tränen, in meiner DNA. Ich bin verwoben. Gott ist alles! Darin berge ich mich“, erzählt er mir.

Trotz Gegenwind hat es bis heute niemand geschafft, ihm diese Erfahrung zu nehmen. Sie spornt ihn dazu an, mehr zu lesen, mehr zu forschen, seine Erlebnisse mit Theologie zu unterfüttern. Und er begreift: Seine Entdeckung, dass Gott durch die Natur spricht, ist historisch gesehen nichts Neues. Viele der Mystiker und Kirchenväter haben in der Natur besondere Gottesbegegnungen gehabt. Die ganze Bibel ist voll von Beispielen dafür. Joerg fängt an, die Bibelverse in Grün zu markieren, in denen Gott und Natur im Zusammenhang stehen. Und er ist überrascht, wie viele Seiten grün werden.

Seine größte Erkenntnis ist, dass er das Leben nicht in der Hand hat. Dass es überhaupt Leben gibt, dass es Gemeinschaft gibt, unser Dasein – das ist nicht herzustellen. Darüber hat er keine Kontrolle. Das gibt es nur geschenkt. Seine Veränderung kam durch Leid und Schmerz. Statt sich da hineinzukrümmen, öffnete sich Joerg und erkannte: Gott leidet mit ihm. Das befriedet ihn.

„Ich bin ins Menschsein transformiert. Ich habe erlebt, dass ich schwach sein kann. Alles ist wertvoll, was mir geschenkt wird. Meine Familie ist ein Geschenk, meine Arbeit ist ein Geschenk. Es ist nicht meine Kraft, mein Verdienst. Ich bin aufgefordert, diese Geschenke zu hüten und mein Leben auszufüllen mit aller Kraft, die ich habe."

Ich frage, ob die Natur ihn geheilt habe. Er grinst. Wer denn behaupten würde, er wäre vollends geheilt, fragt er. Er hat erkannt, dass er Licht und Schatten erlebt und ist. Dass er heilig ist, aber auch sündig. Beides ist in ihm. Es geht nicht darum, das aufzulösen, sondern beide Seiten anzunehmen.

Auch die Frage, wozu er auf der Welt ist, ist bis heute für ihn nicht abschließend geklärt. Aber sie dominiert ihn nicht mehr, ist nicht mehr das Ziel. Er lässt sich ziehen. Wie in der Geschichte vom Weizenkorn in der Erde, das sterben muss, um ein Keim zu werden. Joerg sagt mir, er habe einen Durchgangsprozess erlebt, am Ende sei er zum Menschen geworden.

Ich frage ihn, was er denn früher war. Da lacht er und sagt: „Früher war ich ein Idiot."

Woran man das noch erkennen kann, schildert er mir so: Früher mochte er seinen Namen nicht. Heute hat er aber die Qualität darin erkannt, besonders als Jäger – er lässt sich sehr gut brüllen. Er kann sich in die Landschaft stellen und seinen Namen laut rufen, wie Reviermarkierung. Und schon steht er auf und stößt seinen Namen mit einem tiefen Röhren aus: „JOOOOOEEEERRRRGGG!" Er markiert sein Land, sein Revier. Hier ist er zu Hause.

Der Hund springt auf und bellt. Wir lachen.

Joerg Urbschat ist in der Männerarbeit der Evangelischen Nordkirche tätig und bietet verschiedene Formate in der Natur für Männer an.

Ursula Wältring

DOSENMÜLL UND PLASTIKBLUMEN

Wir sitzen am Tisch
und genießen das
Abendessen. Es gibt Brot,
Salat, Käse, Wein.

Auf dem Boden des Wohnzimmers zu unseren Füßen liegt eine große Holzscheibe mit vielen Symbolen: Federn, Kiefernzapfen, Räucherbündel, Plastikblumen, Steine, Blätter, Zweige, Muscheln. Sie alle stehen für besondere Ereignisse in Ursulas Leben und sind Zeichen, die sie in der Natur fand und die eine Bedeutung für sie entfaltet haben. Zwischendrin steht eine Figur der Mutter Gottes, Maria. Ein Hinweis auf Ursulas Herkunft und ihre Wurzeln.

Ursula wuchs im Münsterland in einer katholischen Großfamilie auf. Ihre Eltern sind stets beschäftigt, da sie sehr viel arbeiten müssen. Als Kind fühlt sie sich häufig als Last für die Eltern. Ihr gelingt es nicht gut, sich mitzuteilen. Oft verkriecht sie sich in einen alten Kleiderschrank, einen Ort der Zuflucht für sie. Ein Ort, an dem sie niemandem zur Last fällt, an dem sie weinen kann, beschützt ist oder einfach die Stille genießen kann.

Einmal ist sie sehr verzweifelt, fühlt sich in ihrer Familie fehl am Platz. Nichts gibt ihr Ruhe, und so fängt das Mädchen in ihrer Hilflosigkeit im Kleiderschrank zu beten an. Plötzlich kommt es ihr so vor, als würde noch jemand mit ihr im Schrank sitzen, ihr zuhören, sie trösten, ihr erklären, warum ihre Eltern so sind und dass es nichts mit ihr zu tun hat, wie sie sich verhalten. Sie ist von diesem Gefühl der Liebe und Annahme tief berührt und assoziiert es sofort mit Gott, mit Jesus Christus. Ihre Erkenntnis ist daraus: „Christus sieht mich, auch wenn es mir schlecht geht."

Mit dieser neuen Gewissheit gewinnt sie an Gelassenheit. Diese Erfahrung, dass sie um Hilfe rufen kann und von Christus gehört wird, ist eine, die sie immer wieder in ihrem Leben macht. Als Teenager ist es nicht mehr der Kleiderschrank, sondern eine alte Eiche, bei der sie regelmäßig Zuflucht sucht. Auch dort bekommt sie immer wieder Kraft geschenkt und macht die Erfahrung, ohne Bewertung sein zu dürfen, so wie sie ist.

Auch in vielen weiteren Dingen und Erlebnissen entdeckt sie Hinweise auf die Gegenwart Gottes in ihrem Leben. Sie sieht ihn nicht nur im Bild des Christus, der mit ihr im Kleiderschrank sitzt, oder der Maria, der weiblichen Fürsprecherin. Einen ähnlichen Trost wie damals im Kleiderschrank findet sie auch im Anblick des Mondes, der für sie scheint, oder bei dem Baum, an den sie sich anlehnen kann. Christus ist ihr Zugang, der auf das Geheimnis des Lebens hinweist. Dieser Zugang zum großen Ganzen ist für sie überall erfahrbar, doch auf besondere Weise in der Natur. Das hält Ursula für eine urchristliche Idee, weil die Natur ehrlich und unverstellt ist. Und so stellt sie sich Gott vor.

Obwohl sie aktives Kirchenmitglied ist und positive Erfahrungen in ihrer Heimatgemeinde macht, bricht sie als Erwachsene ihr Studium der Katholischen Theologie ab, um ihren Glauben nicht zu verlieren, da ihre Art der Spiritualität und des Glaubens hier keinen Platz zu haben scheinen. Aber auch in Freikirchen oder evangelischen

Gemeinden findet sie sie nicht den passenden Ort, wo sie ihre Erfahrungen und Sehnsüchte teilen kann.

Mit 30 Jahren meldet sie sich in einer Beziehungskrise zu einer Visionssuche an. Ihr Ziel ist es, durch die Begegnung mit der Natur Klarheit in ihrer Krise zu bekommen. Sie wird mit der zusätzlichen Erfahrung beschenkt, in der Kraft dieses Rituals neu die Gegenwart Gottes zu erleben. In der Auszeit ihrer Visionssuche bittet sie in einem Moment der Ratlosigkeit, dass Gott sich ihr zeigen möge. Und Gott nimmt die Einladung an. Ein plötzlich aufkommender Wind treibt die dichten Wolken auseinander und der Mond, der bis zu diesem Moment nicht zu sehen war, scheint voll und hell durch die Wolkenlücke – genau auf ihren Platz. Ursula werden vor Überraschung die Knie weich, da sie Gottes Nähe spüren kann. Sie ist gleichzeitig überglücklich und überwältigt … und Gott zieht sich leise zurück, bevor die Überforderung zu groß wird.

Doch dieser Moment der Begegnung reicht aus, um Ursula die Sicherheit zu

geben, dass sie genau weiß, was sie nach der Visionssuche tun möchte. Gott zeigt sich ihr so spürbar wie damals im Kleiderschrank. In ihr wächst die Erkenntnis: *Gottes Nähe ist überall erfahrbar, wenn ich mich dafür öffne. Auch in der Natur.*

***

Zurück im Alltag spiegelt ihr Umfeld, dass sie sich verändert hat. Sie trennt sich von ihrem Partner, bricht ihre Zelte als Erlebnispädagogin in Köln ab und beschließt noch einmal ganz neu zu beginnen, neu zu fragen, wie sie ihre Begabungen in die Welt und zum Ausdruck bringen kann.

Drei Jahre später beginnt sie die Ausbildung zur Visionssucheleiterin und bietet seither selbst Naturrituale an. Es ist für sie eine der schönsten und intensivsten Aufgaben, Menschen durch ihre Entwicklungsprozesse zu begleiten. Sie unterstützt sie dabei, ihre eigenen Antworten zu finden und zu erkennen, was ihnen dienen kann oder ansteht. Ihre Gabe ist, zuzuhören und sich einzufühlen in die Themen, die die Teilnehmer bewegen.

Ihre Erfahrung ist, dass die meisten Menschen sich nicht zu einer Visionssuche anmelden, weil sie eine spirituelle Erfahrung machen wollen, sondern um ein bestimmtes Thema zu bearbeiten oder auch um Lebensübergänge zu bestätigen. Viele machen dann ganz unerwartet trotzdem eine tiefe, spirituelle Erfahrung, weil sie in dieser Zeit auf besondere Weise offen sind und hinhören und etwas Göttliches sich ihnen zeigt. Meist in der Stille und Einsamkeit des Waldes.

Ursulas kirchlich geprägte Herkunft und ihre Erfahrungen helfen ihr dabei, in den Ritualen zwischen den Teilnehmenden verschiedener Glaubensrichtungen Brücken zu bauen. Jede Tradition und Glaubensvorstellung darf sein. Ursula empfindet das als sehr heilsam. Brücken bauen möchte sie auch gern wieder in die Kirche hinein, denn ihrer Meinung nach hat sie viel an ihrer rituellen Kraft eingebüßt. Manche Traditionen, Liturgien und Feste wirken für Ursula leer, ungefüllt und bedeutungslos. Das Schönste wäre es für sie, wenn Rituale wieder im Sinne des urchristlichen Wortes „katholisch“ gefeiert würden, das eigentlich bedeutet, dass alle eingeschlossen und gemeint sind. Und wenn Rituale so durchgeführt würden, dass sie wieder erlebbar und verständlich sind und den Menschen dabei helfen, Lebensübergänge kraftvoll zu gestalten. Nicht nur verständlich für den Priester, sondern auch für die Gemeinde, so dass jeder einen direkten Draht zum Göttlichen haben kann. So wäre auch der Priester wieder ein echter Mittler zwischen den Welten, indem er Menschen nicht ausschließt, sondern integriert.

Gott hat sich ihr auch schon von einer humorvollen Seite gezeigt, erzählt sie. Schon mehrmals hat sie jetzt in ihren Auszeiten eine Plastikblume gefunden. Sogar mitten in der Wüste stieß sie auf eine Blume aus Plastik. Dieses Stück „falsche Natur“ erinnert sie mit einem Augenzwinkern daran, dass nicht alles so ist, wie es scheint, und Heiliges und Profanes oft nah beieinander liegen. Ursula selbst ist es, die den Dingen ihre Bedeutung gibt. So finden sich in Ursulas Wohnung neben Plastikblumen eine Radkappe und eine Bierdose.

Die Bierdose war ein besonderer Impuls Gottes für sie. In einem sehr verzweifelten Moment während einer Auszeit, in dem sie nicht mehr weiß, wie sie verdrängte Erinnerungen, Zweifel und Wut aushalten kann, erinnert sie sich an die Aussage eines Mentors. Dieser erzählte ihr von einem spirituellen 12-Schritte-Programm für Süchtige, bei dem es im dritten Schritt darum geht anzuerkennen, dass manche Sachen zu groß für uns sind und wir diese nur noch an Gott abgeben können. Im Englischen nennt sich dieser Programmteil abgekürzt „God can" (Gott kann). Diese Dose – im Englischen „can" –, die sie kurz danach findet, scheint ihr sagen zu wollen, dass Gott alles halten kann und sie mit Hilfe dieser „God Can", der Gott-Kann-Dose, einen symbolischen Behälter gefunden hat, der das alles auffangen kann.

Es tut ihr gut, mit alledem vor Gott zu treten und seine Liebe zu erfahren, die groß genug ist, um all das zu halten, was sie selbst nicht mehr aushalten kann. Deshalb steht diese Dose heute auch in Ursulas Zimmer. In diese Dose wirft sie symbolisch alles, was sie nicht mehr tragen kann. Für Ursula ist dieses Augenzwinkern hilfreich, um auch die tiefen Erlebnisse in den Ritualen leichter zu nehmen, denn die Brückenfunktion als Ritualleiterin ist anspruchsvoll. Humor hilft ihr, sich abzugrenzen und auf sich aufzupassen.

Heute steht die Dose neben Maria. Für das Fotoshooting nehmen wir beide mit und gönnen ihnen einen Ausflug in die Sommerwiesen.

Ursula Wältring gründet gerade eine Lebensgemeinschaft in Bielefeld. Sie ist auch im Vorstand des Vereins für Visionssuche und Naturrituale e.V. und bietet eigene Ritualformate und Seminare an.

Thomas Handszuj

TANZEND BETEN

Es ist gleißend hell. Man kann fast nicht in den Himmel schauen. Eigentlich ist es zu warm für einen Tag im April.

Die Bienen auf dem Balkon stört das alles wenig, sie tanzen um ihren Stock herum. Für sie ist bestes Ausflugswetter. Alles blüht und sie sind begierig darauf, Nektar zu sammeln. Wir sitzen draußen, essen leckere Nudeln und beobachten den Ausflug der Bienen. Sie scheinen sich zu freuen. Manchmal kommt eine vorwitzige Biene zu uns geflogen. Neugierig schaut sie, wer denn da sitzt, ehe sie die nächste Blüte anfliegt. Eine von ihnen summt sehr aufgeregt zwischen uns hin und her.

Thomas lacht und erklärt mir, dass sie wohl eine Wächterin ist und ich ihre Aufmerksamkeit auf mich gezogen habe. Wir genießen die Sonne und unterhalten uns. Vom fernen Meer weht eine Brise herbei. Die Kirchtürme von Lübeck läuten zum Mittag. Nach dem Essen werden wir in den Wald gehen, an einen Ort, den Thomas sehr liebt.

Sobald wir den Wald betreten haben, sind wir wie in einer anderen Welt. Der Boden ist bedeckt von blühenden Buschwindröschen. Die Buchen treiben gerade aus, das zarte Grün ist wunderschön hell und taucht den Wald in einen zarten Flaum, bricht das Licht zu einem Farbenspiel. Ich bin glücklich, an einem so schönen Ort zu sein. Still gehen wir weiter, bis wir den Platz erreichen.

Thomas ist nicht selbst auf die Idee gekommen, sich einen Platz zum Lernen im Wald zu suchen. Ein Freund brachte ihn drauf. Er meinte, Thomas bräuchte einen Ort, an dem er die Natur mit allen Sinnen erleben und erfühlen kann und als Lernort erlebt. Es ist nicht leicht für jemanden, der mitten in der Stadt lebt, so einen Ort zu finden. Dieser sollte möglichst naturbelassen und geschützt sein, ohne dass Hunde oder Spaziergänger stören.

Zuerst suchte sich Thomas auf dem Grundstück des Hauses, in dem er lebt, einen Baum, zu dem er immer wieder ging. Für den Anfang war die Buche ein schöner Ort, und sie half ihm, sich an die Idee zu gewöhnen, einen dauerhaften Platz in der Natur zu haben. Manche Abende verbrachte er in der Dunkelheit an ihrem Fuß. Lauschend dem Rauschen der Krone. Aber er merkte, dass er tiefer in die Natur eintauchen wollte, und so suchte er sich einen neuen Platz, der nicht von künstlichem

Licht und Straßengeräuschen umgeben war. Er fand ihn keine zehn Minuten entfernt im Stadtwald von Lübeck. Oder vielleicht sollte man eher sagen, dass der Ort ihn gefunden hat.

Zu keinem anderen Platz, den er in Augenschein nahm, hatte er sich so hingezogen gefühlt. Der Platz ist wie für Thomas gemacht. Von den Wegen des Stadtwaldes aus ist er nicht einsehbar, auch wenn er auf einer kleinen Anhöhe liegt. Ein mit Wasser gefüllter Graben bildet eine natürliche Grenze. Die Bäume stehen kreisförmig, fast wie bei einem Kompass in den Himmelsrichtungen Nord, Süd, Ost, West, zueinander. Für Thomas ist das ein besonderes Geschenk, weil er mit den Himmelsrichtungen auch Zeitalter des Lebens verbindet. Auch deswegen ist dieser Ort für ihn heilig geworden. Hier sucht er Ruhe, hier stellt er seine Fragen.

Für Thomas ist diese Art des Dialoges nichts Neues. Er hat sich schon immer mit der Natur verbunden gefühlt. Schon als Kind hat es ihn rausgezogen, und wenn er heute den Wald betritt, ist das wie heimkommen. Ein kurzes Hallo, und schon ist er eingetaucht in das Willkommen der Bäume und Tiere. Er muss nichts erklären, weil er ja zu Hause ist. Immer wenn er an diesem Platz ist, hat er das Gefühl von Ankommen, von Verstandensein. Hier kann er sich ausbreiten. Innerlich und äußerlich. Hier kann die Seele atmen.

Einen eigenen heiligen Platz zu haben intensiviert dieses Erleben für ihn. Diesen Platz scheint es nur für ihn zu geben, nur

für diesen Zweck, nur zum Dasein. Tiere sind wenige unterwegs, und auch Pflanzen wachsen hier kaum, abgesehen von den Bäumen.

Thomas bleibt am Rande des Platzes stehen. Plötzlich bricht eine Wildschweinrotte durch das Unterholz und galoppiert nicht weit entfernt an uns vorbei. Wir schauen uns an, vor allem Thomas ist überrascht, denn so etwas hat er hier noch nicht erlebt.

Es ist ein bisschen verrückt, erzählt Thomas. Oft empfindet er es aus seiner Biografie heraus als Mangel, dass er keine richtige Heimat hat. In dieser kleinen Lichtung hier im Wald fühlt sich Thomas verwurzelt. Dass er am richtigen Ort ist, hat er durch einen Vogel gemerkt, der oft am selben Platz ist. Er nimmt Thomas inzwischen als einen Teil des Ganzen wahr.

Einmal hieß er ihn mit einem Gurren willkommen. Thomas reagierte darauf. Es entspann sich so etwas wie ein Dialog zwischen dem Vogel und ihm. Das hat ihn berührt und sehr glücklich gemacht. Es ist ein achtsamer, zarter Kontakt, da sie einander noch nicht gut kennen und sich erst herantasten müssen. Es ist wie ein Verwandter, den man zum ersten Mal trifft, von dem man nicht wusste, dass es ihn gibt. Etwas verbindet sie, und dennoch ist der Kontakt fragil. Gleichzeitig hat es ihm bestätigt: Hier bist du richtig, hier wirst du angehört. Dieses Verstandenwerden ist zutiefst berührend und beruhigend.

Manchmal macht Thomas an dem Platz auch ein Nickerchen. Häufig träumt er

dann. So haben sich manche Fragen, mit denen er an diesen Platz gekommen ist, schon sortiert.

***

Ich möchte mehr darüber wissen, was er damit meint, dass er in den Dialog mit dem Wald tritt. Wir lehnen uns im Sonnenlicht an einen Baum und Thomas erklärt: Wenn er eine Frage hat, auf die es keine Antwort zu geben scheint, jedenfalls nicht einfach direkt mit Worten, dann kommt er hierher. Er steht dann an diesem heiligen Platz im Wald oder liegt oder berührt einen Baum oder die Erde und bittet: „Gib mir eine Antwort, bitte sprich mit mir!“, oder manchmal auch fast bockig: „Sag jetzt was!“

Und dann scheint das Fragenchaos in seinem Inneren sich zu sortieren, seine Fragen wandeln sich, auch wenn der Baum natürlich keine Worte spricht. Die Fragen sind mit einem Mal nicht mehr so drängend und verzweifelt. Er verliert die Angst und kann seine Fragen beruhigt ansehen. Trotz fehlender direkter Worte entsteht dann doch so etwas wie eine Antwort.

Manchmal redet er laut und seine Wahrnehmung ist: „Ich werde gehört." Wenn Dinge ausgesprochen werden – auch wenn man das vor einem Baum tut – und wenn eine Frage in den Wald gerufen oder geflüstert wird, dann sind sie in der Welt. Sie sind ausgesprochen, nicht mehr rational gefangen im Kopf. Dann sind sie vor einem und können angeschaut werden. Es ist wie etwas Inneres nach außen holen, damit es gesehen werden kann. Da ist dann zwar niemand, der seine Sprache tatsächlich versteht, aber dennoch fühlt es sich für Thomas so an, dass nicht nur er die Fragen bewegt, sondern jemand sie mit ihm bewegt.

Vielleicht würden manche Leute sagen, dass diese Beschreibung für sie „Beten" ist, aber Thomas kann mit dem Begriff nicht so viel anfangen. Aber wenn Beten bedeutet, in Resonanz zu gehen, dann tue er das sehr wohl, sagt er, auch wenn er Gott nicht als personifiziertes Individuum erlebt. Das kann er sich nur schwer vorstellen. Wenn er raus in den Wald geht, dann spürt er dort so etwas wie ein Gegenüber, dem er entgegentreten kann und vor dem das Aussprechen Sinn ergibt. Resonanz heißt ja, es gibt einen Teil – Thomas –, der etwas ausspricht, und Etwas oder Jemand nimmt es wahr und reagiert.

„Diese Resonanz hat etwas damit zu tun, dass ich an meinem natürlichen Platz bin, dass ich eingebettet bin in allem was lebt, war richtig und gut ist. Mein Gefühl ändert sich von der Enge und der Frage zur Weite und Antwort", so beschreibt er es. In der Natur wird ihm klar, er ist eine Zelle des Ganzen. Sein Platz ist ein Ort, an dem er gehört wird. Die Verbindung, die dabei entsteht, fühlt sich an wie zu Hause sein. Im Alltag ist das oft nicht wahrnehmbar. „Schön wäre es, das so entwickeln zu können, dass es auch im Alltag erlebbar ist", wünscht sich Thomas.

Ein bestimmter Baum sticht an dem Platz besonders hervor. Es ist eine Buche, an deren Stamm in etwa fünf Metern Höhe eine riesige Wucherung entstanden ist. Der Baumkrebs ist so groß wie ein Sitzball, und der Baum trägt ihn noch, obwohl er unter der Last verkrümmt ist. Ein Baum mit einem Geschwür, einer Wunde. Thomas fühlt sich mit dem Baum verbunden, auch er trägt alte Wunden in sich. Er berührt ihn, spürt die Wärme. Und manchmal tanzt er mit ihm.

Thomas tanzt Tango und Kontaktimprovisation. Beides leidenschaftlich und innig. Und der Baum scheint mitzutanzen, sich mitzuwiegen. Liebevolles Berühren, Spüren und Dasein. Manchmal ist es für Thomas, als würde er mit der Wunde oder seiner dunklen Seite selbst tanzen. Die Vorstellung hilft ihm, sich mit seinen eigenen Wunden und Schatten zu versöhnen oder zumindest mit ihnen Frieden zu schließen, sagt er. Manchmal ist es gut, an die eigenen Schatten erinnert zu werden. Es ist nicht alles Licht, und dunkle Ecken werden sichtbarer.

Es klingt banal, profan und fast kitschig: Wenn er mit manchen Dingen ringt, die schwer und belastend sind, und wenn es ihm dann gelingt, sie nicht als Hürde zu sehen, sondern als einen weiteren Teil von sich selbst zu akzeptieren, dann entstehen Licht und Wege an Stellen, wo er nur Dunkelheit oder Ausweglosigkeit sah.

Sein Ort im Wald nährt ein Grundgefühl in Thomas: Ich bin auf sicherem Grund. Auch in Krisen hat er nie das Gefühl, „mir zieht jemand den Boden unter den Füßen weg“, er kann sich immer zu seinem Platz begeben und findet dort Halt. Ja, manchmal ist er unruhig, zweifelnd, aber in ihm gibt es eine unerschütterliche Grundsicherheit, eine Basis, auf der er ohne Angst, voller Urvertrauen hinnehmen kann, was kommt. Es gibt noch genug, was entschieden werden muss im Leben, doch in ihm ist ein unverwundbarer Kern.

Während die Sonne langsam sinkt, umarmt Thomas den Baum mit der Wunde zum Abschied. Ich gehe etwas weiter weg, lasse ihm den heiligen Moment und genieße, dass ich hier sein darf.

Als wir wieder auf dem Balkon der Wohnung ankommen, ist es fast dunkel. Thomas setzt noch eine Abtrennung in den Bienenstock ein, dann wird es darin still. Wir öffnen uns ein nordisches Bier und schauen dabei zu, wie das letzte Tageslicht am Horizont erlischt.

Thomas Handszuj ist Ingenieur und Visionssucheleiter und tanzt für sein Leben gern. Er bietet für das Männerforum der Evangelischen Nordkirche Seminare an, organisiert Tango-Tanzveranstaltungen und wohnt in Lübeck.

Naomi

MIT DEM ROLLSTUHL IN DER WILDNIS

Wir treffen uns mitten in Hamburg. Ich steige aus der U-Bahn, trete auf den Platz vor dem Schacht. Es ist warm und sonnig. Auch wenn es noch früh am Morgen ist, ist die Stadt rappelvoll. Jetzt schon schieben und drängen die Menschen, auch wenn es ein Samstag ist und alle entspannt sein könnten.

Naomi und ich treffen uns am vereinbarten Ort. Eine stolze junge Frau kommt auf mich zugeeilt. Sie rennt fast, als wir uns sehen, und wir fallen einander in die Arme. Beide reden wir sofort drauflos und suchen uns dann einen ruhigen Ort, um ausgiebig sprechen zu können. Und so sitzen wir bald in einem italienischen Café am Rande eines Parks. Ein Kaffee folgt dem nächsten. Es gibt so viel zu erzählen, seit wir uns das letzte Mal gesehen haben. Und so dauert es noch ein paar Stunden, ehe wir zum Fotografieren in den Park gehen.

Dass wir uns wiedersehen, ist ein Wunder. Dass Naomi lebt, ist das größere Wunder. Naomi ist für mich ein Lehrbeispiel der Zähigkeit. Des Nicht-aufgeben-Könnens oder -Wollens. Sie sprüht vor Energie, sie ist randvoll davon. Ich sitze vor ihr und staune, bin gefesselt, denn ich weiß, dass es in ihrem Leben auch schon anders ausgesehen hat. Dass sie nun in Hamburg ist, ist reiner Zufall. Hier hat sie ihren Neuanfang gewagt und sich selbst neu erfunden. Hier hat sie noch im selben Frühjahr ihre Ausbildung abgeschlossen, hat jetzt schon eine neue Stelle. Hier hat sie sich ein neues Netzwerk aufgebaut. Einmal im Jahr ist sie noch bei ihrer Familie in Köln, in ihrer Geburtsstadt, besucht die Freunde dort. Und das auch eher aus Pflichtgefühl. Sie entscheidet immer kurzfristig, ob sie dorthin reist, je nachdem wie es ihr geht, wie dick ihr Fell ist, sagt sie. Köln, das löst sofort alte Gefühle bei ihr aus, Gefühle, die sie nicht mehr haben will. Es ist gerade leichter, woanders zu sein und sich von der Vergangenheit und der Kindheit zu lösen.

Ihre Kindheit verbringt Naomi zwischen den Welten ist. Ein iranisch-islamischer Vater, eine deutsche, evangelisch geprägte Mutter, mitten in Köln. Die Kindergartenjahre und die ersten Schuljahre sind auch durch islamische Bildung geprägt. Erst ab der 5. Klasse besucht sie ein städtisches Gymnasium. Der Vater ist geschäftlich viel unterwegs und selten zu Hause, die Beziehung zu ihm ist angespannt, er ist unnahbar und streng. Die Mutter ist kein verlässliches Gegenüber für das Mädchen. Naomi ist schon früh auf der Suche nach ihrer eigenen Zugehörigkeit. Ihre Familie ist für Naomi kein Ort, an dem sie sich sicher fühlt, es wird wenig miteinander geredet.

Ihr älterer Bruder ist immer eine Konkurrenz für sie, er wird bevorzugt, ihm scheint alles zu gelingen. Er hat mit den Eltern seltener Auseinandersetzungen, hinterfragt weniger, passt sich leichter an, ist schnell wirtschaftlich erfolgreich und dadurch bald unabhängig. Naomi wird oft mit ihm verglichen, fällt aber dabei schnell aus dem Rahmen.

Zu Hause empfindet Naomi immer mehr Zerrissenheit und Haltlosigkeit. Besuche bei der erweiterten Großfamilie im Iran verschärfen in ihr das Gefühl, nirgends zugehörig zu sein. Zwischen den Welten zu leben. Auch eine längere Zeit im Iran nach dem Abitur macht deutlich, wie sehr sie zwischen den Kulturen der westlichen Prägung und Weltsicht und

ihrer arabisch-muslimischen Erziehung hängt. Sie hat eine Ahnung, dass sie weder in die konservative islamische Welt passt noch in die europäisch freie Moderne.

Orientierungslos kehrt sie nach Europa zurück, noch immer ratlos, wie sie ihren weiteren beruflichen Weg gestalten soll. Eigentlich will sie nur reisen, die Welt sehen, den Ort finden, an den sie gehört. Sie will etwas Sinnvolles tun, aber weiß noch nicht, was das sein kann. Ihre Familie möchte, dass sie studiert. Sie will frei sein, nicht schon wieder etwas müssen, das Leben in vollen Zügen genießen, Erfahrungen machen und Menschen kennenlernen und nicht vor lauter Verpflichtungen und Leistungsdruck ihr Leben verpassen. Sie kann sich auch für kein Fach begeistern. Nichts spricht sie an.

Sie tritt die Flucht nach vorn an und geht ein Jahr in die USA. Ihre Familie billigt das widerstrebend. Das Jahr der Freiheit schenkt ihr den erhofften Abstand, die erhoffte Reifung, jedoch nicht den nötigen Mut, um eigene Berufsentscheidungen zu treffen. Richtungslos und traurig kommt sie wieder in Köln an. Heute sagt sie, dass sie sich so gewünscht hatte, dass sie einfach sein kann, wie sie ist, und dass ihre Familie stolz auf sie ist. Aber sie erlebt Strenge und Ablehnung und die Forderung, etwas aus ihrem Leben zu machen. Sie zwingt sich zur Zukunftsplanung und erlebt trotz aller Bemühungen keine Unterstützung. Stattdessen nur Vorwürfe, Fragen und Erwartungen.

Der Druck treibt sie aus dem Elternhaus. Naomi zieht vorübergehend in eine kleine Ferienwohnung an einem See und versucht sich zu sammeln und Entscheidungen zu treffen. Ein Onkel sieht ihre Not und empfiehlt ihr, an einer Visionssuche für Jugendliche teilzunehmen. Doch dazu kommt es nicht mehr.

Naomi hat zu dem Zeitpunkt bereits das Gefühl, dass alles ausweglos ist, dass sie keinen Platz in der Welt, keinen Ort hat, an den sie gehen könnte, dass sie allein ist. Die Zerrissenheit zwischen „nicht wissen, wer man ist“ und „etwas sein müssen, was man nicht sein will“ lähmt und deprimiert sie. Diese Gefühle teilt sie niemandem mehr mit. Und irgendwann kommt sie zu dem nüchternen Schluss, dass sie so nicht leben will.

***

Naomi und ich schauen uns an, wir wissen, was jetzt kommen wird. Wir zögern, haben Respekt und fassen uns an den Händen, während sie weiter erzählt.

„Und dann kam der Unfall“, sagt sie, wobei „Unfall“ so beschönigend klingt. Die ehrliche Variante ist „Suizidversuch“. Überall hat sie lange Zeit nur von „dem Unfall“ geredet, doch die Wahrheit ist, dass sie nicht mehr leben wollte.

Naomi geht auf die Bahngleise. Sie wird von einem Zug erfasst, überlebt jedoch. Sie verliert bei diesem Unfall beide Beine. Ihr 21. Lebensjahr verbringt sie im Krankenhaus in Köln. Mehrere Monate lang ist unklar, ob sie es schafft und wie sie es schafft. Es ist, als würde ihr Körper mit aller Kraft darum kämpfen, weitermachen zu dürfen, leben zu können, auch wenn ihr Kopf aufgegeben hat.

Die Einschreibefristen für die Uni verpasst sie, weil sie in der Reha ist. Zu sehr ist sie damit beschäftigt, wieder ins Leben zurückzufinden. Irgendetwas in ihr kämpft gegen die Traurigkeit und die Resignation. Etwas in ihr will leben. Sie muss lernen, ihren neuen Körper zu akzeptieren. Wie auch schon vor dem Unfall ist ihr klar, dass sie nicht weitermachen kann wie bisher.

Dem Rat des Onkels folgend will Naomi nun doch ihre Fragen klären und fährt in die Alpen zu einer Jugendvisionssuche. Das gibt ihr Halt, wenn auch nur für einen begrenzten Zeitraum, denn zurück nach Köln will sie nicht gehen. Sie sehnt sich nach einem Kreis von Menschen, wo sie ganz offen sein kann, wo man sensibel ist für große Themen, sich ähnliche Fragen stellt oder auf der Suche ist. Wo sie Unterstützung und Verständnis erleben kann, ohne Druck.

Die Vorbereitungszeit mit der Gruppe tut ihr gut. Das, was sie sich gewünscht hat, erlebt sie auch. Sie braucht viel Hilfe, denn sie ist an Krücken, Prothesen und Rollstuhl gebunden. Drei Tage und drei Nächte sitzt sie in den Alpen mit einem Rollstuhl an einem fixen Ort mit limitiertem Radius. Und genießt es. Genießt den wertfreien Raum. Genießt es, ihre Fragen in der Natur stellen zu können, ohne dass sie einfach und schnell gelöst werden müssen, ohne dass sie weggedrängt werden. Es gibt für sie keinen Ort, an dem sie sich mehr zeigen kann, wie sie ist, und urteilsfrei einfach da sein kann. Ein Ort, der sie so nimmt, wie sie ist.

Die Auszeit in der Natur zeigt ihr, dass sie ein Mensch ist wie andere, mit Fragen, Suchen und Ringen. Die Gemeinschaft einerseits und die Einsamkeit in der Natur andererseits zeigen ihr: Du bist nicht allein, du bist nicht zufällig hier, das Leben hat einen Sinn. Diese Zeit ist der erste große Schritt zu neuem Selbstvertrauen und dem Glauben daran, dass ihr Leben wertvoll ist. Naomi fühlt sich ein bisschen besser vorbereitet für die nächste, noch unbekannte Etappe ihres Lebens.

***

Der Wunsch, diese Erfahrungen zu vertiefen, bringt sie zwei Jahre später nach Andalusien zu einer weiteren Visionssuche. In der Gruppe dort erlebt sie wieder, dass es gut und in Ordnung ist, sie selbst zu sein. Hier haben auch Schmerz, Trauer und Wut einen Raum, die so lange unterdrückt waren. Hier findet sie Trost.

Endlich fühlen zu können ist wohl die größte Errungenschaft für Naomi in dieser Zeit. Auch wenn es nicht leicht für sie ist, ihre Geschichte zu erzählen, sich verletzlich zu zeigen, zu vertrauen, weil sie in ihrem bisherigen Leben immer erlebt hat, dass das nicht gut ausgeht. Zum ersten Mal fließen Tränen, Knoten und Blockaden lösen sich. Naomi spürt, dass etwas in ihr in Bewegung kommt.

In der Auszeit in Andalusien, wieder an einem festen Platz, diesmal mit Nordic-Walking-Stöcken, Gehhilfen und Beinprothesen hoch oben auf einem Berg, erlebt sie viele kleine Situationen, die sie berühren und mit der Vergangenheit versöhnen. Sie wird von einem Baum getröstet, an den sie sich anlehnen kann. Ein Baum, der einfach sein darf, der wächst, ganz natürlich, so, wie er mit der Erde verwurzelt ist, ohne dass er einen Plan haben oder schlau sein muss, ohne To-do-Liste. Und trotzdem entwickelt er sich, reift, bildet Blüten und Blätter und zeigt seine Schönheit. Ohne das Gefühl, eigentlich ein Strauch sein zu müssen, wenn er doch ein Baum ist. Der Baum verdeutlicht ihr, dass auch sie einfach sein darf. Sie schmiegt sich an seine Wurzeln, hört dem Rauschen der Blätter zu, hört, was der Baum zu erzählen hat. Ohne Wertung, ohne Zwang. Sie kann annehmen, dass sie aus sich selbst heraus wertvoll ist, dass alle Gefühle zu ihr gehören und willkommen sind in ihrem Sein, der Unsicherheit, den Zweifeln, den Wünschen, der Angst, den Träumen und der Lebenslust. Der Baum lehrt sie: alles wird geliebt, ausgelebt, entfaltet. Der Baum wächst, vielleicht bildet er Blüten und Früchte, und jemand kann davon essen. Es geschieht oder geschieht nicht.

Angelehnt an diesen Baum erfährt Naomi Heilung in ihrem Herzen. Sie gehört zu diesem Baum und er gehört zu ihr. Ein bisschen hatte Naomi Angst davor, dass ihr die neue Sicht auf ihr Leben zu groß sein könnte. Doch wieder lehrt sie der Baum: In jedem Samen des Baumes ist wieder alle Information enthalten. Und auch in Naomi liegt alles, was sie brauchen wird.

Sie lässt sich auf den Gedanken ein, dass sie in dem Wort „Vertrauen“ wieder glauben kann. Und wie zur Bestätigung tut sich nach stundenlangem Regen der dunkle Himmel auf, ein Lichtstrahl fällt auf sie, genau auf ihren Platz in den Bergen. Wie ein Bühnenspot tanzt das Licht auf ihrer Nase. Und so, wie der Himmel sich öffnet und seine Grenzenlosigkeit zeigt, so öffnet sich Naomis Herz für die Erkenntnisse der beiden Auszeiten: Sie darf die Fragen, die sie hat, liebhaben, sie darf unwissend sein, sie darf die Antworten liebevoll einladen und muss sie nicht herbeiargumentieren.

Die Natur wird für Naomi zu einem spirituellen Raum, der neutral ist, nicht urteilt, nicht dogmatisch ist. In dieser Neutralität der Natur fallen Naomi Liedtexte, Gedichte, Verse ein. Und sie beginnt zu beten. Sie ist selbst erstaunt, dass ihr zuerst die islamischen Gebetstexte ihrer Kindheit einfallen. Das religiöse Werkzeug hilft ihr, in der

Natur die Sprache wiederzufinden und der Kraft, wie sie es sagt, da draußen wieder zu begegnen. In der Auszeit verändert sich ihre monotheistische Sicht von Gott hin zu etwas Weiterem, Größerem, das überall da ist, überall zu einem spricht, in allem präsent ist und atmet, alles bewegt.

Naomi birgt die spirituellen Schätze ihrer Kindheit und erlaubt sich, Gott neu in ihr Denken und Fühlen einzuladen. Von sich selbst überrascht schreibt sie ein eigenes Gebet. Mit dem Lichtstrahl auf der Nase keimt in Naomi die Hoffnung, dass vielleicht doch nicht alles sinnlos ist, dass sie nur noch nicht sehen kann, wofür sie da ist, dass es vielleicht so etwas wie einen göttlichen Plan für ihr Leben gibt.

***

Mit diesen neuen Erkenntnissen und Erfahrungen kehrt Naomi von ihrer Visionssuche zurück und startet mit neuem Lebensdurst in ein anderes Leben in Hamburg. Natürlich gibt es Tage, die sich schwer anfühlen, aber Naomi fühlt neue Lebenskraft durch sich fließen. Sie treibt Sport, schwimmt, geht spazieren, trifft Freunde, geht aus. Das ist das eigentliche Wunder, findet sie, denn sie hätte niemals gedacht, dass es je wieder so gut werden könnte mit ihr. Sie hat es durchgestanden und kennt nun das Gefühl, Tag um Tag mehr gewachsen zu sein. Sie hat die Erfahrung gemacht, dass Krisen bewältigbar sind. Sie dachte, dass sie sich selbst und ihr Leben nicht aushält – und hat es doch geschafft. Sie hat erlebt, dass sie stärker ist als gedacht. Dass das Leben trägt, bis es erfüllt ist.

Naomi wirkt auf mich gereift, wie eine, die das Leben schon in so jungen Jahren in Höhe und Tiefe durchschritten hat, wie eine, die weiß, wovon sie spricht.

Ich frage sie, was ihr heute hilft, ihr Leben zu leben. Naomi antwortet ohne zu zögern: „Innehalten. Milde mit dir selbst sein. Und wenn nicht das passiert, was du willst, dann passiert etwas, was besser für dich ist. Es ist wirklich für mich in Worte gepacktes Vertrauen, zu sagen: Auch das, was du nicht sehen kannst, auch das, was du eigentlich gern anders hättest, kannst du im Glauben annehmen. Gerade dann, wenn da zu viel Widerstand ist, es nicht weitergeht, dann will der Fluss des Lebens es anders. Das anzunehmen und zu sagen: Es ist okay so, das ist für mich elementar wichtig geworden.“

Wir trinken noch einen Kaffee und gehen dann in den Park. Naomi ist gern dort. Sie lässt sich von jedem Baum an die Erfahrungen in den Alpen und Andalusien erinnern. Ich finde es schön zu beobachten, dass es ihr möglich ist, mitten in der Stadt einen Ort zu finden, der sie wieder an ihre Quellen bringt. Der Park ist voller Menschen, und dennoch finden wir einen sehr schönen ruhigen Ort, wo wir uns weiter unterhalten und Fotos machen können. Mir macht es Freude, mich von Naomis Lebenslust anstecken zu lassen.

Naomis Identität ist geschützt. Der wirkliche Name ist der Autorin bekannt.

Jan Frerichs

BARFUSS UND WILD

Endlich bin ich in der Stadt, in der vor vielen hundert Jahren Spiritualität, Mystik und Natur schon einmal zusammengekommen sind: in Bingen am Rhein, der Stadt Hildegards von Bingen. Eine Frau, die der Grünkraft vertraute.

Mitten in dieser grünen Kraft stehe ich nun, in einem Garten, der zum Überschwemmungsgebiet des Rheins gehört und bei Hochwasser eine Feuchtwiese wird. An Hochwasser ist jedoch nicht zu denken in diesem Sommer. Der Garten ist dennoch an Grünkraft nicht zu überbieten: Die Apfelbäume hängen voll schwerer Früchte, der Lavendel blüht, der Pfirsichbaum biegt sich unter der Süße, im Wein laben sich die Wespen.

Ich bin im wilden Garten von Jan. Ein Tag voller inspirierender Gespräche liegt hinter uns. Ein warmer Spätsommertag mit einer langen Wanderung an Jans heilige Plätze, mit intensiven Gesprächen über Spiritualität und Natur, Literatur und Wildniswissen. Hinter uns liegt ein Interview, Bier und Schnitzel, Kaffee und Kuchen. Ich blicke mit Wehmut in den grünen Dschungel. Für mich endet heute ein Kapitel und ich nehme Abschied von einer Aufgabe. Es ist vorläufig mein letztes Interview für das Buch und so genieße ich noch einmal, dass ich mich einen ganzen Tag mit der Grünkraft beschäftigen kann und über einen Menschen berichten kann, der in dieser grünen Kraft lebt.

***

Die ursprüngliche Idee der katholischen Kirche, also einer „allumfassenden" Kirche, die niemanden ausschließt, lernt Jan durch seine Großmutter kennen. Obwohl diese nicht besonders religiös ist, erlebt er an der ihr eine Qualität, die ihn anzieht: Die Großmutter schließt alle ein, jeder ist immer willkommen, sie hat für alle ein offenes Ohr und ein offenes Herz. Diesen Katholizismus wünscht sich Jan bis heute. Einer, der in der Kirche und in der Welt für alle Platz hat, ohne zu bewerten und zu beurteilen. Einer, der alle einschließt, bei dem alle miteinander verbunden sind. So wie Jesus ursprünglich niemanden ausgeschlossen hat, so wünscht sich Jan eine alles einschließende Kirche, ohne Bedingungen und Starrsinn. Auch wenn Jan tausend Gründe hätte, aus der katholischen Kirche auszutreten, bleibt er. Sie ist seine Familie und er hat seinen Platz darin gefunden.

Jan erhält traditionell die Erstkommunion und besucht den Firmunterricht. Im Rahmen des Unterrichts fährt er zu einer Freizeit, bei der er erstmals mit dem Meditieren in Berührung kommt. Das nährt sein Interesse an religiösen Fragen. Er erlebt die Kirche als einen Ort, an dem er seinen Fragen nachgehen kann, an dem er die Freiheit hat zu fragen und zu suchen. Irgendwann liest er als Jugendlicher einen Artikel des Franziskaners Richard Rohr, der damals in den USA eine Kommunität aus jungen Familien leitet. Jan ist fasziniert, sucht erfolglos eine solche Lebensgemeinschaft in Deutschland, entdeckt dabei jedoch das Ordensleben der katholischen Kirche und fühlt sich davon angezogen. Er informiert sich gründlich und entschließt sich dazu, die Franziskaner näher kennen zu lernen, was in seiner Familie auf Unverständnis stößt. Nach dem Abitur absolviert er seinen

Zivildienst und intensiviert dann seine Besuche bei den Franziskanern immer mehr. Schließlich tritt er in das einjährige Noviziat und dann in den Orden ein. Er beginnt ein Theologiestudium in Münster. Es sind Jahre der persönlichen Suche, der spirituellen Fragen, der Reifung, die er sehr genießt. Ihm wird in der Zeit gestattet, ein Freisemester zu nehmen, in dem er sich von Münster aus auf eine Pilgerreise nach Jerusalem macht, barfuß in Sandalen und ohne Geld wie der Heilige Franz.

Nach zwei Wochen – in Bingen am Rhein – stellt Jan fest, dass dieses Unternehmen nicht zu schaffen ist. Zumindest nicht so, wie er es sich vorgestellt hat, sondern nur so, wie er es geschenkt bekommt, wie es sich vor ihm ausbreitet. Er erkennt, dass er sich hingeben muss, seine Kontrolle und Planung der Reise aufgeben, seine Ideale an den Nagel hängen. Ab diesem Moment ist die Reise leicht, er kann alles nehmen, wie es kommt.

Letztlich endet die Pilgerreise schon in Assisi, als er von seiner Ordensleitung grundlos zurück nach Münster beordert wird. Die Reise nicht fortsetzen zu dürfen ist für Jan ein Schock und sicherlich ein wichtiger Anstoß für seine Entscheidung, wenige Monate später den Orden zu verlassen.

Nach dem Abschluss seines Studiums zieht es ihn zum Radio, später zum Fernsehen. Er ist heute verheiratet und hat eine Familie.

***

Jan fühlt sich nach dem Bruch in diesen Jahren wie ein heimatloser Exilant und entfernt sich mehr und mehr von der katholischen Kirche. Erst seine persönliche Ahnenforschung bringt ihn wieder zurück zu der Frage, wo sein Glaube beheimatet ist. Auf der Suche nach seinem leiblichen Vater, einem Brasilianer, stellt er fest, dass dieser zuerst Priester war und nach seiner Heirat als Journalist arbeitete. Jan ist fasziniert und auch betroffen, denn seine Familie hatte ihm das bisher verheimlicht. Weil sich sein Weg im Weg seines Vaters spiegelt, beschließt er, den sich wiederholenden Mustern und sich selbst noch tiefer auf den Grund zu gehen. Er besucht eine Männerinitiation, um seine Familienthemen zu bearbeiten. Als er die Frage stellt, wer er in Zukunft eigentlich sein will, schließt sich ein Kreis und er knüpft wieder an seine Wurzeln an. Er nimmt Kontakt auf zum OFS – der „ordo franciscanus saecularis" und wird, ohne in ein Kloster einzutreten, in diesem sogenannten Weltleute-Orden, in dem sich alle wiederfinden, die mit der franziskanischen Tradition verbunden sind, aber nicht klösterlich leben, wieder Franziskaner. Für Jan ist es ein Faden, den er wieder aufnimmt, eine Verknüpfung, die er wieder herstellt. Und ein neuer spiritueller Aufbruch.

Irgendwo erfährt er von einem Ritual der Visionssuche und beschließt, daran teilzunehmen. Er meldet sich zu einer Auszeit im Sinai an, doch aufgrund der politisch angespannten Situation dort wird die Visionssuche spontan in die Toskana verlegt. Jans ursprünglicher Plan, dem Wald, seinen Tieren und der Dunkelheit zu entgehen, geht nun nicht mehr auf.

Die vier Tage und vier Nächte seiner Auszeit verbringt er im Wald, auf dem Boden liegend. Es gibt nichts zu tun, und durch das Fasten ist er auch ohnehin zu schwach für alles. Ohne Ablenkung und Geschäftigkeit erfährt er seine Grenzen, die Zeit, das Sein, das Beobachten, und er erlebt, dass er einfach da sein darf inmitten des Waldes. Es zieht ihn auf die Erde, buchstäblich erdet es ihn. Jan überprüft seine inneren Antreiber, seine Energiequellen. Die Berührung mit dem Boden berührt seine Lebensrealität, bringt ihn wieder zu sich. Er empfindet es als befreiend, nichts zu tun und das Nichts auszuhalten. Es ist eine Erfahrung, die nichts mit Worten oder Wissen zu tun hat.

Im Symbol des „Rad des Lebens" erkennt er seine eigene Tradition: den Christus am Kreuz mit Geburt, Leben, Tod und Auferstehung, den Sonnengesang des Franziskus mit den vier Elementen, das Lebensrad der Hildegard von Bingen. In seinem Kopf ergänzen sich die Traditionen der Visionssuche und die christliche Traditionen. Es ist die Erfahrung des Ganzen, die die beiden losen Enden in ihm miteinander verknüpft. Das Gefühl, zur Natur ganz dazuzugehören, ein Teil der ganzen Welt zu sein, bewegt ihn. Es entspricht seiner Auffassung von Katholischsein: nicht ausgeschlossen zu sein. Zugehörig sein. Für ihn gibt es zum ersten Mal nur ein UND, eine Verbindung von allem. So wie Christus ganz Mensch war und Leid erlebte, kann Jan jetzt sicher sein, dass er mit den dunklen Seiten seines Lebens, seinen Schatten, nicht alleine ist. In dem Naturritual wurde für ihn etwas lebendig, was früher oft nur Worte waren. Seine größte Wunde, das Gefühl des Nicht-zugehörig-Seins, beginnt langsam zu heilen.

***

Spätestens seit der neue Papst Franziskus heißt, hat Jan Hoffnung für die Institution Kirche geschöpft und wünscht sich, dass sie sich weiter entwickelt. Besonders berührend war für ihn das Erlebnis, am Tag der Wahl im Fernsehen über den neuen Papst berichten zu dürfen. Als dieser auf dem Balkon erscheint und die wartende Menge mit einem untypischen „Guten Abend" begrüßt, kann Jan es kaum fassen, weil er ahnt, dass diese Papstwahl eine echte Veränderung für die Kirche bedeuten kann.

Noch heute hängt um seinen Hals das Kreuz des Franziskus, als eine Erinnerung an alle Erfahrungen – früher und heute.

Jan Frerichs ist Redakteur beim ZDF und lebt mit seiner Familie in Bingen am Rhein. Jan ist Franziskaner (ofs), Visionssucheleiter und Initiator der franziskanischen Lebensschule.

EMPFEHLUNGEN

Literatur zum Thema

Andreas Ebert: Schwarzes Feuer – Weißes Feuer. Claudius Verlag.

Arnold van Gennep: Übergangsriten (Les rites de passage). Campus Verlag

Anselm Grün, Meinrad Dufner: Spiritualität von unten. Vier-Türme-Verlag Münsterschwarzach

August Thalhammer: Der Heilungsweg des Schamanen im Lichte westlicher Psychotherapie und christlicher Überlieferung. Ennsthaler Verlag

Bill Plotkin: Soulcraft – Die Mysterien von Natur und Seele. Arun Verlag

Christina Brudereck: Für alles gibt es eine Zeit – Rituale für Tag, Jahr und Leben. SCM Verlag

David Steindl-Rast: Achtsamkeit des Herzens. Verlag Herder GmbH

Don Edward Beck, Christopher C. Cowan: Spiral Dynamics, Leadership, Werte und Wandel, Eine Landkarte für Business und Gesellschaft im 21. Jahrhundert. J. Kamphausen Mediengruppe GmbH

Franz P. Redl: Übergangsrituale, Visionssuche, Jahresfeste, Arbeit mit dem Medizinrad. Drachen Verlag

Gesa Heiten, Robert Bögle: Räder des Lebens, Orientierungsmodelle für tiefe Transformation. Drachen Verlag

Henri Nouwen: Dem Leben neu begegnen – Wege aus der Angst. Claudius Verlag

Herrmann Stinglhammer: Einführung in die Schöpfungstheologie. wbg Academic in Wissenschaftliche Buchgesellschaft

Gerald Hüther, Christa Spannbauer: Verbundenheit – Warum wir eine neues Weltbild brauchen. Hogrefe AG

Jan Frerichs: barfuß und wild – Wege zur eigenen Spiritualität. Patmos Verlag

Jack Zimmermann, Virginia Coyle: Der große Rat, Das Council – mit dem Herzen hören und sprechen, den Kreis erweitern. Arbor Verlag

Joanna Macy u.a.: Für das Leben! Ohne Warum: Ermutigung zu einer spirituell-ökologischen Revolution. Junfermann Verlag.

Jörg Zink: Die Urkraft des Heiligen, Christlicher Glaube im 21. Jahrhundert. Verlag Herder GmbH

Ken Wilber: Integrale Vision, Eine kurze Geschichte der integralen Spiritualität. Kösel

Llewellyn Vaughan-Lee (Hrsg): Spirituelle Ökologie, Der Ruf der Erde. Verlag Neue Erde

Marascha Daniela Heisig: Sinn finden in der Natur, Heilsame Rituale für Lebensübergänge. Patmos Verlag

Marion Küstenmacher, Tillmann Haberer, Werner Tiki Küstenmacher: Gott 9.0. Gütersloher Verlagshaus

Marion Küstenmacher: Integrales Christentum – Einübung in eine neue spirituelle Intelligenz. Gütersloher Verlagshaus

Martina Kaiser: Rituale – Quellen der Kraft. Knaur Verlag

Matthew Fox: Schöpfungsspiritualität, Heilung und Befreiung für die erste Welt. Kreuz Entwürfe

Paul Rebillot, Melissa Kay: Die Heldenreise, das Abenteuer der kreativen Selbsterfahrung. Eagle Verlag

Pierre Stutz: Geborgen und frei, Mystik als Lebensstil. Kösel

Richard Rohr: Befreiung vom Ego, Wege zum wahren Selbst. Claudius Verlag

Richard Rohr: Vom wilden Mann zum weisen Mann. Claudius Verlag

Steven Charleston: The Four Vision Quests of Jesus. Morehouse Publishing

Steven Foster, Meredith Little: Die Vier Schilde, Initiation durch die Jahreszeiten der menschlichen Natur. Arun Verlag

Steven Foster, Meredith Little: Visionssuche, Das Raunen des Heiligen Flusses, Sinnsuche und Selbstfindung in der Wildnis. Arun Verlag

Sylvia Koch-Weser, Geseko von Lüpke: Vision Quest, Visionssuche: Allein in der Wildnis auf dem Weg zu sich selbst. Drachen Verlag

Ursula Seghezzi: Vom Zauber der Naturmystik und der Dringlichkeit, dem Leben zu dienen. Van Eck Verlag

Viktor E. Frankl: Der unbewusste Gott, Psychotherapie und Religion. Dtv

Links

Anne-Maria Apelt
Lebensentdeckungsreisen
www.anne-maria-apelt.de

Verein für Visionssuche und Naturrituale e.V.
https://www.visionssuche.net

Spirituelles Zentrum im Eckstein in Nürnberg
www.spirituelles-zentrum-im-eckstein.de

Center for Action and Contemplation
https://cac.org

Männerpfade
maennerpfade.de

Männerforum Nordkirche
https://www.maennerforum-nordkirche.de

Albert Huchler – Heilpraktiker Psychotherapie – https://www.praxis-huchler.de

Villa Familia gGmbH
https://villafamilia.de

Visionssuche, MenschNatur, Council
https://heike-talea-esch.de

Circle Way Deutschland
circleway.de und www. circleway.org

Eschwege Institut und der Campus Peregrini (gUG)
https://www.eschwege-institut.de

Franziskanische Lebensschule für Aktion und Kontemplation barfuß und Wild – Jan Frerichs ofs
https://www.barfuss-und-wild.de

Marascha Heisig
Visionssuche, Rituale, Lebensübergänge – Sinn finden in der Natur
www.natur-und-seele.de

School of True Nature
Sinnstiftung und Potenzialentfaltung
www.nicole-kahrs.de

Simone Böcker
UNKULTIVIERT
unkultiviert.com

Uli Schineis
Visionssuche und Wildniserfahrung
www.wildquest.de

Ursula Wältring – Begleitung in Lebensübergängen und Ritualgestaltung
https://www.ursulawaeltring.de

uma Institut – transformation in natura
Ursula und David Seghezzi
https://www.umainstitut.net

FSC
www.fsc.org
MIX
Papier aus verantwortungsvollen Quellen
FSC® C084279

in der Gerth Medien GmbH, Dillerberg 1, 35614 Asslar

1. Auflage März 2019
Bestell-Nr. 835 217
ISBN 978-3-86334-217-3

Umschlaggestaltung: Gute Botschafter GmbH, Haltern am See
Umschlaggrafiken und Innenillustrationen: Anne Weigel, www.willu.de
Fotos: Seite 14–15: Roland Baege, alle anderen Fotos: Anne-Maria Apelt
Satz: Weiß-Freiburg GmbH –Graphik & Buchgestaltung, Freiburg
Druck und Verarbeitung: Print Consult GmbH, München

www.adeo-verlag.de

KLEINE HELFER FÜR DIE EIGENE AUSZEIT IN DER NATUR

Hast du beim Lesen Lust bekommen, auch einmal mit deinen Fragen und Themen hinaus in die Natur zu gehen und zu sehen, was passiert? Diese Box enthält 36 Karten mit Anleitungen für deine vier Auszeiten in der Natur.

Fühl dich eingeladen, es auszuprobieren!

Kartenbox
Grüne Wunder erleben
EAN 4250454729804 · € 12,–